释梦

认识未知的自己

（增订版）

王邈 著

北方文艺出版社

图书在版编目（CIP）数据

释梦：认识未知的自己 / 王邈著．-- 哈尔滨：北方文艺出版社，2019．6

ISBN 978-7-5317-4508-2

Ⅰ．①释… Ⅱ．①王… Ⅲ．①梦－精神分析 Ⅳ．①B845.1

中国版本图书馆 CIP 数据核字 (2019) 第 076674 号

释梦：认识未知的自己
SHIMENG RENSHI WEIZHI DE ZIJI

作　者 / 王　邈

责任编辑 / 路　嵩　富翔强
封面设计 / 琥珀视觉

出版发行 / 北方文艺出版社
发行电话 /（0451）85951921 85951915
地　址 / 哈尔滨市南岗区林兴街 3 号
邮　编 / 150080
经　销 / 新华书店
网　址 / www.bfwy.com

印　刷 / 北京洲际印刷有限责任公司
字　数 / 290 千
版　次 / 2019 年 6 月第 1 版
开　本 / 710×1000　1/16
印　张 / 20.5
印　次 / 2019 年 6 月第 1 次印刷

书　号 / ISBN 978-7-5317-4508-2
定　价 / 58.00 元

序一：释梦——从理论走向实践

梦是一种神秘的精神现象，也是一种有意义的心理活动。梦的神秘之处众人皆知，可是，它的真正意义却鲜为人知。那么，梦到底会传递什么样的信息呢？这些信息又意味着什么呢？千百年来，不同时代的人们都在想方设法破解这个难题。

我国古代历史上先后出现过甲骨解梦、占筮解梦和星象解梦等各种梦的解读方法，但却一直没有流传下来。唯有《周公解梦》流传至今，并且经过不断丰富和完善，其中不乏许多独到的解释与精妙的分析。不过，《周公解梦》中对梦的分析方法比较简单并充满唯心色彩。

20世纪初，奥地利心理学家、精神分析学派的创始人弗洛伊德出版了《梦的解释》，科学地揭示了梦产生和形成的心理机制，人类对梦的认识便向前迈进了一大步。借助书中的方法、原理和技巧，我们可以分析梦的来源、意义以及对梦者的启示，从而更加有效地探索心灵世界的奥秘。

除精神分析学派之外，人本主义、行为主义、认知学派、完形学派等不同学派对梦或多或少也有所研究。不过，到目前为止，各个学派对梦的认识众说纷纭，尚未达成共识，没有哪一个学派对梦的研究获得众人的一致认同。这就给后来研究梦的专家学者们提供了一些可供发挥和创新的空间。

近年来，国内在梦的研究方面呈现出“三多三少”局面：论文探讨多，课题研究少；技能培训多，技术创新少；应用研究多，理论创新较少。于是，喜欢释梦技术的研究者们便快速地“探清多少”，“趁虚而入”，抢占有利位置，以期有所作为。其实，据我了解，在释梦研究的领域一直用心坚持并不是很多，不过，王邈是其中一员。

记得当年王邈在读研究生的时候，偶尔会提出一些与释梦有关的问题，我也未过多关注，只是推荐他去读一些相关的书籍，介绍一些国内关于梦的研究现状。后来，当我发现他的读书报告是以释梦为主题的时候，我觉得他可能真的对释梦产生了兴趣。再后来，我又听说王邈一直在校园网站的论坛上坚持给同学释梦，并且水平大有长进，我觉得甚是欣慰。如今，他拿着书稿来找我写序言，我既惊讶又高兴。惊讶的是，毕业之后这么多年，他居然从未放弃，一直在坚持研究释梦；高兴的是，他的努力没有白费，这几年来，捷报频传，成果不断。对于一个一直在默默地研究释梦的年轻人来说，把自己多年的研究成果汇集成册，让更多的人借鉴学习，帮助更多的人了解梦境、认识自己，或许，这也正是他的心愿。

在这本书中，王邈不仅介绍了与释梦有关的相关学派的理论和技术，而且也大胆地提出了自己的理论和观点。尤其是他提出的最新的人类精神结构模型、梦境修改技术以及十八种释梦的技法等内容，具有重要的理论价值和实践意义，不仅对于普通人理解自己的梦具有一定的启发作用，并且对于释梦师分析咨客的梦也具有重要的学习价值。

最让我觉得欣喜的是，这本书兼具理论与实战的特色，不仅有重要理论和技术的讲解，而且还大胆地将释梦的过程全景式地展示到大家的面前。对于初学释梦的人来说，这是一个非常难得的机会；对于热衷于心灵世界探索的人来说，这本书无疑是一个易学实用的工具；而对于释梦师来说，这本书也是一本难得的心理咨询宝典。

最后，我还听说，王邈目前正在筹划下一本释梦专著《审梦》。我很期待，也希望他能在心理学的道路上越走越好，越走越远

蒋一斌

2016年8月18日于西安

序二：依稀几多在梦里

欲知身心真实相，依稀几多在梦里。

梦莫非就是一个线索，引导着我们借助它的通道去到达某个地方？

梦是我做的，但有时候在梦里我却感受不到自己的存在，我没感受到，我就不存在了吗？

梦里我尿床了，醒来发现我真尿床了，这是怎么回事？

梦是人类独有的吗？

我家的宠物有没有梦？会不会也是饱含深情的梦？就像我在梦里惦记它一样惦记着我？

窗台上的花有没有梦？会不会也是神清气爽的梦？就像我在梦里看见它一样愉悦吗？

梦的真相是什么？

被解读出的梦的意义就是真相吗？那么我梦见自己赤裸着身体在大街上走的真相是什么呢？

梦的答案在于解梦人那里吗？

我自己的解答是答案吗？

如果答案是我与他讨论出来的呢？就像两个结婚的人睡在了一张床上，你说这是谁的床呢？

天哪！我想知道，梦里依稀会有答案吧？

王邈先生，请开讲吧！

张天布

2016年8月22日于西安

前 言

早在2000多年前，古希腊奥林匹斯山上的德尔斐神殿里竖着一块石碑，上面镌刻着一句象征人类最高智慧的神谕："人啊，认识你自己！"从那个时候起，人们就尝试通过各种各样的方法来探索心灵世界，以期实现认识自己的神谕。在此过程中，迷信与宗教同在，唯物与唯心共存，心灵与思想并行。由于观察的视角不同，人们对心灵世界的认识也各有差异。

自从20世纪初，弗洛伊德出版了《梦的解释》之后，人们对心灵世界的探索又多了一种方法——释梦。从此，梦便被看作是人类精神面貌的镜子、来自内心深处的声音和通往心灵世界的密道，而释梦则成为人们了解精神面貌的重要手段，成为探索心灵世界的便捷途径，成为认识未知自己的不二法门。

可能读过弗洛伊德《梦的解释》的朋友们都会有一种共同的感受，这虽然是一本好书，但却不容易读懂。当年，我在反复读了几遍《梦的解释》之后，仍然似懂非懂，于是便产生了这样的一种想法：写一本让国人喜欢看、容易懂、能学会的释梦专著。

如今，这个梦想终于实现了。这本书是我13年来潜心研究释梦的总结和升华。看着多年的努力换来的成果，心中颇有感慨，往事历历在目：还记得第一次在学校"阳光论坛"上那个让人兴奋不已的释梦专帖是如何将我一步一步引入梦的世界；也记得那份对我影响深远的读书报告——《释梦：认识未知的自己》受到了老师的表扬和肯定后的喜悦；更记得本书在写作过程中因各种原因再三搁浅后的那种矛盾与纠结，而现在，这份纠结终于解开了，心中的矛盾也消失了，多年夙愿终于梦想成真了！

接下来，我想简单地谈谈这本书的写作思路。在这本书的写作过程中，我在大脑中始终盘旋着两个问题：一个是没有心理学基础的普通人想学习释梦技术，想通过分析梦探索自己的心灵世界，为身边的亲朋好友答疑释惑，他们该怎么学？另一个是刚刚拿到释梦师证书的普通释梦师，想通过释梦技术来进行自我分析，提高心理咨询技能，他们又该如何来学？我想，能回答好这两个问题，这本书的写作就算是成功了。

于是，在写作时，我先从释梦的基础理论、基本方法、核心概念谈起，然后将我多年释梦的心得感悟也纳入其中，最后将释梦技术应用于心理咨询与心理治疗过程中。写作由浅入深，由易到难，由理论到实践，由简单到复杂；既采用了传统的分析方法，即根据梦境以及梦者提供的相关信息进行直接分析，又大胆地采用了对话的方式，即将我释梦的过程以对话的形式如实展现出来。这样一来，就大大方便了两大群体的读者系统、全面、扎实地掌握释梦技术。当然，在书中，我还大胆地提出了自己对释梦理论和释梦方法的一些见解，这算是一个创新吧。但是，这其中也可能会存在一些不妥之处，若各位读者在阅读过程中碰巧发现了，还请批评指正！谢谢！

需要强调的是，书中的梦例，最早的距今已有13年左右，最近的来自3个月前。文中所有梦例全部来自真实案例，并已征得梦者同意，在此向他们的无私奉献表示感谢。为了保护梦者的隐私，我将梦者的真名和当时的网名统统隐去，采用我重新起的网络昵称来替代，如有同名现象，纯属意外巧合。书中的“抚心人”是我读研究生期间的网络昵称。

最后，本书在写作过程中，受到家人、老师、网友、朋友、师兄弟们的大力支持和无私帮助。尤其感谢我的父亲和岳父，他们时常在我懈怠的时候提醒我、督促我、鼓励我，给了我莫大的精神动力；感谢我的导师蒋一斌教授和陕西省人民医院心理科的张天布主任，他们在百忙之中抽时间为我撰写序言，并提出了许多宝贵的意见；感谢我的师兄弟、朋友和网友们的长期关注和支持，为我注入了前进的动力；最后，还要特别感谢西宁的辛秀玲老师和咸阳的杨晓玲老师，她们牺牲了许多个人宝贵的休息时间，加班加点认真地校对书稿，为本书的顺利出版付出了许多努力！

最后，祝大家读有所获，学有所成！

王　邈

2016年8月9日于咸阳

目录

Content

第一章　揭开梦的神秘面纱

第二章　释梦，从这里扬帆起航

第三章　释梦的“章”与“法”

第四章　释梦你我他

第五章　释梦的“降龙十八掌”

第一章

揭开梦的神秘面纱

梦，是一种有意义的精神现象，是一种清醒状态精神活动的延续，是一种愿望的满足。

——弗洛伊德

至今，我还清楚地记得十四年前冬天的那个不同寻常的晚上。晚饭后，我本来约了几个同学一起去操场散步，可是雪实在是太大了，只能躲在宿舍里上网。习惯性地快速打开学院里的“阳光论坛”后，我发现有不少的新置顶的帖子，其中有一条名为《带你走进梦的世界（科学释梦专帖，点击就会受益）》的帖子非常抢眼。发帖的人网名叫追梦，旁边的数字显示，跟帖的数量已经达到698条，显然是《生活八卦》栏目最热门的一个帖子。于是，我就点击链接进去了。里面有关于梦的相关知识的介绍，还有现场分析梦例的对话过程。我看了以后，确实感觉真的如帖子标题所说，让人很受益，比起看弗洛伊德《梦的解释》有意思多了。也就是这个关于释梦的帖子，让我在那个风雪交加的晚上喜欢上了释梦，激起了我研究释梦的浓厚兴趣。

一、梦是一种特殊的记忆

梦，究竟是什么？这是一个千百年来人们在反复思考的谜题，时至今日，古今中外的专家学者们对梦的理解，依然是仁者见仁，智者见智。

早在战国时期，墨子就在《墨经·上》中说：“梦，卧而以为然也。”他认为，梦是睡眠过程中的一种现象，人在睡着之后会产生一种认知，认为自己会看到些什么，或发生了某些事情。他认为人就是这样子的，这是一种正常的精神活动和自然现象。

东汉时期，经学家、文字学家许慎在《说文解字》中说：“梦，寐而有觉者也。”他认为，人在清醒状态下可以通过视觉、听觉等感觉形式从外界获取信息，在入睡后则会通过梦来获取信息，所以，梦是人在进入睡眠状态中的一种感觉形式，是人们在睡着之后获取信息的一种特殊方式。

古希腊哲学家柏拉图认为：“梦是人类日常生活的继续，是创造的源泉。”他认为，梦是人类日常生活和思维的延续，离奇的梦境会激发人类的创造力。显然，这种认识强调了梦最重要、最特殊的一种功能，即创造功能，无形中赋予了梦一种神秘的色彩。

奥地利心理学家、精神分析学派创始人弗洛伊德认为，梦是愿望的满足。这个观点非常重要，对后来人对梦的认识有深远的影响。它揭示了梦的三个潜在基本特征：一是梦中所表达的内容多与压抑有关；二是梦中所呈现的内容多为现实中未达成的愿望；三是梦境所呈现的内容和真正要表达的内容在形式上通常有许多不一致的地方。

瑞士心理学家荣格认为，梦是心灵自发的和没有扭曲的产物，是无意识进行的补偿活动，是人类无意识与意识的交谈，是个体心理自我调节平衡体系中重要的一种形式。梦给我们展示的是未加修饰的自然的真理，是无意识给我们的精神馈赠。

我国著名心理学家朱建军认为，梦是人内心深处的一种活动，是人的观念、情绪和欲望等的形象化产物，它的作用就和心理测验一样，借助梦，人们可以了解自己当前的真实心理状态。

我国知名精神病学和心理治疗专家李晓驷认为，梦与记忆的加工有关。在进行记忆的加工和编码时，既往的相关经历和被压抑在潜意识中的愿望会被激发，并以变形的形式进入梦境。这种变形的形式或称编码的形式有其独特规律，如果掌握梦的编码规律，就有可能通过梦境的分析，精准地还原梦者的既往的经历尤其是创伤性的经历，也可以准确地揭示梦者的潜意识的愿望。

我认为，梦是一种特殊的记忆，其中所表达的记忆充斥着创伤、情绪与欲望，平时，它们或是因为压抑，或是因为被遗忘，一直没有适宜的机会表达，只有等到人进入睡眠状态之后，才会按照潜意识的编码机制改头换面，精妙伪装后，再进行表达。因此，普通人往往很难轻易看出梦与要表达的记忆之间的潜在联系，甚至连梦者本人也无能为力，需要借助释梦师的帮助才能真正地理解梦的真正意图，而释梦的过程，其实就是要采用反向解码的方式，让梦者本人领悟到自己的潜意识中压抑或遗忘了什么样的记忆。

二、梦是这样“炼”成的

关于梦的产生与形成原因，自古代以来就是众说纷纭。中国最早系统解释梦的成因的人当属东汉政论家、文学家、进步思想家、无神论者王符，他曾在其著作《潜夫论·梦列》中说：“夫奇异之梦，多有收而少无为者矣。”意思是说，那些看起来不同寻常的梦，大多数总能对人有所启发，没有任何意义的梦其实是很少的。

王符认为：人们一般不会无缘无故地做梦，既然有梦产生，那就一定是有相应的原因。有些人在白天有什么思考未能完成，晚上就可能会在梦中延续这种思考，只不过会以另一种形式呈现思考的过程和结果罢了；大多数人总会有一些欲求在现实中不能实现，因此，他们只能在梦中象征性地实现一下。王符经过分析之后归纳了梦产生的三个主要原因：一是物理因素，即受到外界刺激而产生梦，比如睡着之后脸上被洒了水，可能会引发人做下雨的梦；二是生理因素，即受到内部机体的感觉变化影响而形成梦，比如在饥饿的状态下进入梦乡，可能会引发吃饭的梦；三是心理因素，即由于压抑了某种想法或欲望而导致梦，比如说思念过度会导致梦中与所思念的人相会。

大约在20世纪初期，奥地利著名的心理学家、精神分析学派的创始人弗洛伊德在其著作《梦的解释》中也几乎得出了同样的结论。弗洛伊德认为：梦的产生有心理上的原因和生理上的原因。心理原因指“梦是一种愿望的满足”，即现实中未达成的愿望所引起相应的心理补偿；生理上的原因有三种：“由外物引起的客观上存在的感官刺激；仅能主观觉察到的感官内在的兴奋状态；由内脏发出的肉体上的刺激”。真可谓是英雄所见略同，弗洛伊德的研究结果与王符的观点居然不谋而合。

我基本赞同王符和弗洛伊德的研究结论，但我认为，如果从大的方面来分，梦的成因还可分为主观和客观两大因素。主观因素又可以分为两个方面：一方面是由未达成的愿望引起的梦。古人常说“日有所思，夜有所梦”，就是这个道理。比如，一位农夫今年的庄稼严重歉收了，一家人可能要挨饿了，这可能诱发他做关于庄稼丰收的梦；一个人白天打麻将想捞点零花钱，结果却输了许多钱，他晚上做梦则有可能赢一大笔钱。这属于人类的一种心理补偿作用。另一方面是由于心理压抑引起的梦。压抑是梦产生的重要条件。当一个人压抑了某种感受的时候，可能不会立即引发相应的梦产生，但当压抑的感受积累到一定程度时，就可能引发梦产生，其实是以梦的形式来完成潜意识的表达和宣泄。比如，儿媳妇经常被婆婆批评指责，久而久之，当媳妇的愤怒积累到一定程度而仍然处于压抑状态时，可能会引起攻击婆婆的梦；一个性压抑太久的人，可能会做春梦。

同样，客观因素也可以分两个方面：一方面是由于外界的刺激对人体的影响引起的梦。比如，你对正在熟睡的人吹一口气，可能诱发他做刮风的梦；在睡眠中，被蚊子叮了一口，可能会引发被尖刀刺伤的梦境，等等。另一方面是由机体内部器官的异常状态引起的梦。比如，在睡眠中，膀胱胀了想撒尿，但又不想起床，可能引发上厕所的梦。

知道了梦的形成原因，对于我们分析梦具有战略上的指导意义。如果我们把一个客观因素引起的梦当成了主观因素引起的梦，那么，必然会引起分析上的根本性错误，也必然不能揭示梦的真实意图；反之亦然。当然，我们也不能排除，更多的梦是主观因素与客观因素混合在一起，或者潜意识借助客观的因素顺便将主观的感受一起表达出来，这样更容易让意识被迷惑。

三、梦的来源不简单

在上面的一个小节中，我们分析了梦的形成和产生的原因，你可能会在大脑中产生一个疑问：梦的内容究竟从哪里来的？如果你是这样想的，那么，你一定是个善于思考并且逻辑缜密的人。

关于梦的来源，弗洛伊德在《梦的解释》中已经有系统的论述，他总结了梦的来源主要有四个方面：一是最近发生且在精神上具有重大意义的事件，同时适合直接表现于梦中；二是几个最近发生而且具有某种意义的事实，在梦中凝合成一个整体；三是一个或数个最近发生而具有意义的事件，在梦中以一个同时发生的无足轻重的印象来表现；四是一个对做梦者本身甚具意义的经验（经过回忆及一连串的思潮），而经常在梦中以另一个最近发生但无甚关系的印象作为梦的内容。

后来的许多研究梦的心理学家们，如荣格、阿德勒、弗洛姆及弗洛伊德的女儿安娜，虽然在梦的分析方面也有不同的观点，同时也有一定的贡献，但是，在系统论述梦的来源的问题上，都非常认同或部分认同了弗洛伊德的观点。我也基本认同弗洛伊德的观点。不过，我还是要阐述一下我的观点。

首先，梦的来源通常都会有一个诱因，或是外部刺激诱发，或是内部体验诱发，总之，人通常不会无缘无故做梦。诱因，可能是近期发生的生活琐事，可能是重大的生活事件，也可能是意外的身体刺激，还可能是长期压抑的内在感受。值得强调的是，梦中的诱因往往不是梦所要表达的真实意图，它只是一个表象，是一个真实意图的“代言人”，而“幕后主使”则需要通过分析才能找得出来。“代言人”与“幕后主使”之间必然会存在着千丝万缕的联系，找到了这个联系，也就找到了梦的来源。找到了梦的来源，梦的分析就落到实处了。梦者必然因此而容易顿悟，进而会由此加深对自己的认识。

其次，梦中事件的来源通常会有“狡兔三窟”的现象，即表面上看起来只是一些与现实不相关或关系不是很紧密的情境，但实际上，却可以从其中找到现实中的影子，如果进一步挖掘，还可能会发现近期发生的多件事情都与此梦的情境有关。此时，潜意识会把自己真实要表达的意图分散隐藏在这几件事情中，如果我们能将这几件事情组合起来，便可以看到梦的完整的、真实的意图，这个梦便会迎刃而解，梦者必然会从中有深刻的领悟。

再者，有时梦中情境的来源与现实直接相关，不过，却只是涉及一些鸡毛蒜皮的小事。人们往往会被这些小事所蒙蔽，以为自己找到了梦的来源。其实，这种小事对于潜意识来说，根本微不足道！以小喻大、顾左右而言它，是潜意识的强项。围绕梦中的小事，顺藤摸瓜，找到早期生活中重要的事件，才能揭开这类梦的真谛。问题的难度就在于，这些早期的重要事件，要么被遗忘了，要么早已被压抑了，挖掘出来并非易事，这就需要释梦师去细致耐心地工作了。

最后，还有一种比较简单的梦，就是在近期发生的事件重大、意义深刻，但未能及时得到快速得当地处理，所以就被压抑了下来，在这些事件尚未完全滑落到潜意识中的时候，便会率先通过梦的方式来进行表达。这样的梦无论其来源是孤立出现的，还是合并表达的，都比较容易分析。因为，梦中情境与现实的对应关系比较清楚，容易寻找，并且与早期事件的关系也不是很大，与白日所思或当天未实现的愿望关系密切。这样的梦，梦者一般都会比较容易地领悟到梦的真实意图。比如说，白天炒股票损失了一大笔钱，晚上做梦又赚回来许多钱；白天没有写完的文章，晚上在梦中继续写作。

四、神经心理学视角下的睡眠与梦

众所周知，人的一生大约有三分之一的时间要在睡眠中度过。毫无疑问，睡眠中最重要的精神现象便是做梦了。睡眠与梦相伴相生，相得益彰，共同演绎着人类睡眠世界中的精彩华章。神经心理学研究表明：人在睡眠状态中，大脑皮层会产生一种弥散性的抑制，这种抑制会使人的感知能力、运动能力、意识等逐渐减退、降低或休止。不过，这种抑制经常是不平衡的，一些神经细胞会完全处在一种抑制状态中，另一些神经细胞则处于兴奋状态，从而使得一些清醒状态下存储在大脑中的表象被激活。由于睡眠状态下，大脑缺乏意识的控制与调节，被激活的表象就会形成离奇的组合，于是就形成了与现实大相径庭的梦境。

梦境虽然是在睡眠中出现的，但人并不是一闭上眼睛就有梦，也不是在整个睡眠过程都伴随着梦。梦境多半在快速眼动睡眠期出现。在快速眼动睡眠期，脑电波频率会变快，振幅会变低，同时心率会加快，血压会升高，肌肉会变得松弛，最关键的是此时眼球会不停地左右摆动，所以科学家称其为快速眼动睡眠，又叫作异相睡眠，也有研究者将其称作积极睡眠。与快速眼动睡眠对应并且密切关联的是非快速眼动睡眠，也叫慢波睡眠。在非快速眼动睡眠期，脑电波呈睡眠表现，肌肉活动较清醒时减弱，没有明显的眼球运动现象出现。进一步细分，还可以将非快速眼动睡眠期分为四个阶段。

第一个阶段为入睡期。开始进入睡眠状态时，脑电波中的α波又逐渐消失，出现一些不规则波形并混有小振幅波，脑电波变成了3.5到7.5赫兹之间的θ波。这个时期相当于平常的瞌睡期或迷糊期，也有研究者称其为清醒和睡眠的过渡期。这个阶段的持续时间因人而异，短则5分钟左右，长则10分钟左右，在神经心理学中，这个阶段又被称作I期非快速眼动睡眠。

第二阶段为浅睡眠期，即II期非快速眼动睡眠。这个阶段的脑电波很不规则，脑电图的最大特点就是不时地出现一种特殊的纺锤波，波幅先由小到大，再由大到小，形似纺锤，频率为每秒13~16次。这个阶段约为20分钟。在这个阶段，其实我们已经睡着了，但我们可能认为自己还没有真正地睡着。如果此时有人把你叫醒，说你正在打呼噜，你可能会感觉到自己并没睡着。

第三阶段为中度睡眠期，即Ⅲ期非快速眼动睡眠。此时脑电波频率明显变慢，每秒4~7次，波幅逐渐增高，脑电波会出现K－复合波和少量δ波，这个阶段的睡眠时间约为40分钟。这个阶段，人们的睡眠逐渐加深，身体各个器官开始进入全面休整状态。

第四阶段为深度睡眠期，即Ⅳ期非快速眼动睡眠。在这个阶段，人的睡眠是最深的，脑电波全为高振幅的δ波，时间约为90分钟。Ⅳ期非快速眼动睡眠过后就是快速眼动睡眠。绝大多数的梦都是在快速眼动睡眠中出现的，如果此时被叫醒，绝大多数的人会说自己正在做梦，并能比较清晰地记住醒来之前做的梦的具体内容。

正常人一般先从非快速眼动睡眠开始，在入睡60~90分钟后进入快速眼动睡眠期，此期持续10~15分钟，占总睡眠时间的20%~25%。之后快速眼动睡眠期和非快速眼动睡眠期交替出现，每夜睡眠中反复出现4~5次。一般人每天晚上大约会用90分钟的时间来做梦，一般会做4~6个梦，每一个梦持续的时间不超过30分钟。

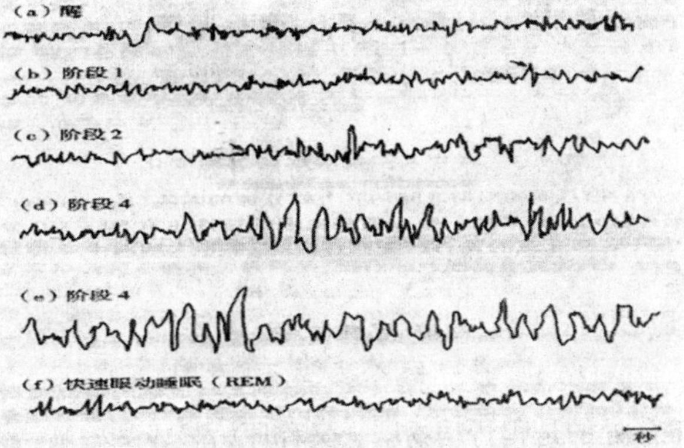

图1-1　睡眠中各阶段的脑电波形态图

五、三个大脑在做梦

脑是人身体上最重要、最神秘的一部分，它掌握着人类的一切言谈举止和一切思维活动，做梦也是人类大脑的一项特殊工作内容。通过做梦，大脑中平时所留存的分散的记忆碎片会被梦境连贯起来重新整理在一起，从而使人们有可能体验到内心的安宁与稳定。

从解剖学的角度来看，脑可分为端脑、间脑、中脑、后脑（包括脑桥和小脑）以及延髓五个部分。不过，从进化心理学的角度来看，脑却只能分三个部分：爬行动物脑、哺乳动物脑和新皮质，这三个大脑的运行机制就如同三台相互联接的生物电脑，各自拥有独立的智能、主体性、时空感与记忆。作为人类不同进化阶段的产物，这三个大脑按照出现顺序依次组合叠加在一起，如同考古遗址一样，心理学家称其为“人脑的三位一体”构造，如图1－2所示（图片来自百度图库）。

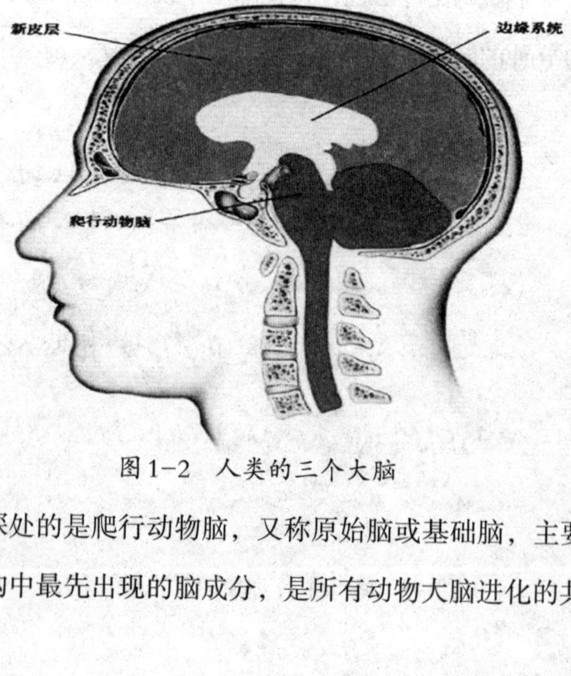

图1-2　人类的三个大脑

居于大脑最深处的是爬行动物脑，又称原始脑或基础脑，主要包括脑干和小脑，是脑部结构中最先出现的脑成分，是所有动物大脑进化的共同的基础部分，是人类的生命中枢。爬行动物脑控制着身体的肌肉、平衡以及呼吸、心跳等自动机能，会一直保持活跃状态，即使在深度睡眠中也不会休息，24小时处于工作状态。人类进化的精神遗迹和集体智慧就存储在这部分大脑中，那些触及到原型（详见第二章）的梦，多与爬行动物脑的工作机制有关，我们可以称其为原梦。

原梦的心理意义有两个方面：一方面可以理解为，通过做原梦，重新象征性体验人类进化历程中的重要历史事件。比如，从高处坠落的梦，常常与人类从猿向人进化过程中，深夜仍在树上的生活经历及体验有关；刚出生的婴儿在睡梦中惊醒或身体发抖的表现，也可能与其大脑中重新经历人类在进化过程中所经历的雷电突袭、洪水肆虐、野兽追赶等令人恐惧的经历有关。另一方面，通过做原梦，借助人类进化所得来的集体智慧解决当前遇到的困难。比如，19世纪美国著名的发明家赫威发明缝纫机针就是受到了原型的启示。当时，赫威在设计缝纫机针时遇到障碍，百思不得其解。一天夜里，他梦见“国王”强令他在24小时内必须造出缝纫机，否则将用长矛处死他。随即，他看见长矛慢慢地降下，突然他惊奇地发现所有长矛的矛尖上都有一个眼睛一般的小洞。一阵激动使赫威醒了过来，他认识到缝纫机针的针眼应当靠近针尖，而不是在针的中部或尾部。回到实验室，他开始了新实验，结果成功了。于是，就有了我们今天的缝纫机针和缝纫机。在这个梦里，“国王”便是“智慧老人”这个原型的化身。关于智慧老人的原型，在第二章，将会专门详细讲解。

爬行动物脑之上覆盖的是哺乳动物脑，这是哺乳动物群体早期进化的结晶。1952年麦克里恩第一次创造了“边缘系统”这个词，用来指代哺乳动物脑这个部分。从生理结构上看，边缘系统包括下丘脑、海马体以及杏仁核，它可以帮助人类判断事物的基本价值和特别之处，还有助于人类感知客观世界的不确定性因素，进行创造性活动。边缘系统与情感、情绪、直觉、安全、哺育、搏斗、逃避以及性行为紧密相关，尤其是其中的情感系统更是爱恨分明的，要么喜欢，要么厌恶，根本没有缓冲地段或中间状态。因此，也有人将其称为诚实的大脑。在恶劣的环境中，几乎所有的动物都是依赖边缘系统这种简单的“趋利避害”原则，生存才得到保证。

生理学家通过实验发现，当人大脑的边缘系统受到弱电流的刺激时，便会产生恐惧、欢乐、愤怒、愉悦、痛苦等多种情绪。虽然各种情绪在大脑的特定位置存留的时间很短暂，但可以肯定的是，整个边缘系统是产生情绪、注意力以及情绪记忆的主要区域。

值得一提的是，边缘系统与充满情绪色彩的梦境关系非常密切。其实，在大多数梦中，都会饱含丰富的情绪体验，这些体验基本都是人们在清醒状态下经历过的，但由于各种主客观原因的限制，不能得到充分的表达，从而被压抑下来。于是，在晚上，当人们进入睡眠状态之后，由于外界的影响和干扰没有了，这些白天没有表达或没有充分表达的情绪体验便会趁机出来表达。不过，这一表达不会独立、生硬、直接地完成，而是要利用大脑中的相关记忆材料组合成各种各样的梦境，进而借助这些梦境的体验来表达压抑的情绪。在这种情况下，人们在梦中所表达的体验与清醒状态下的感受并无本质上的差异。

举一个例子，一个学生由于语文考试分数太低，拖了全班的后腿，被老师当着全班同学的面批评了一顿，学生心里很不服气，却敢怒不敢言。于是他晚上做梦，当着全班同学的面，在课堂上与老师辩论，辩得老师哑口无言，让老师出了一个大大的丑，从而狠狠地出了一口恶气。梦中学生的情绪表达便是缘于白天体验的压抑。再比如，一个身处他乡的小姑娘，遇到挫折后，内心非常悲伤，但却找不到可以倾诉的对象，于是在梦中回到了亲人身边抱头痛哭，醒来时，发现自己是哭醒的。梦中小姑娘的悲伤感受也与现实中尚未充分表达的伤心是一致的。

其实，上面所说的表达一次性的情绪体验的梦境是少数的，更多的梦境会反映持续存在的某种情绪感受。这种情绪的长期压抑和累积就会形成情结，情结是被压抑或被忽略的情绪的观念集团。至此，我们就可以说，边缘系统不仅仅与充满情绪感受的梦有关，同时，更与情结类的梦境关系密切。

一般来说，情结类的梦境表达的内容表面是与近期的现实生活事件有关，但实际上，他们所真正要表达的则多与反复体验到的情绪感受，或某种曾经感受过的强烈情感体验有关。而这些情绪情感体验背后通常会有被遗忘的重要事件或被隐藏的个人秘密，我们可将边缘系统所对应的梦统称为隐梦。

覆盖在哺乳动物脑之上的叫新皮质，也叫大脑皮质或高级脑，是由一种进化较晚的皮质类型组成。它包括大脑左右半球最外面的皮质层，还包括了一些皮质层下的神经元组群。新皮质是人类区别于动物的根本物质基础，正是由于新皮质中所具有的高级认知功能，才使人类从动物群体中脱颖而出，因此，麦克里恩将新皮质称作“发明创造之母、抽象思维之父”。

新皮质有2~4毫米厚，分为六层：分子层、外颗粒层、锥体细胞层、内颗粒层、节细胞层、多形细胞层，展开后面积约为2200平方厘米，合拢在一起约占据整个脑容量的三分之二。新皮质有左右之分，我们平时所说的左脑与右脑指的就是新皮质左侧部分与右侧部分。左侧的新皮质与逻辑、语言、数学、文字、推理和分析等功能相关，整体趋于理性，因此常被称之为抽象脑、学术脑或理性脑；右侧的新皮质与图画、音乐、韵律、情感、想象和创造能力有关，整体趋于感性，因此常被称之为艺术脑、创造脑或感性脑（见图1–3）。

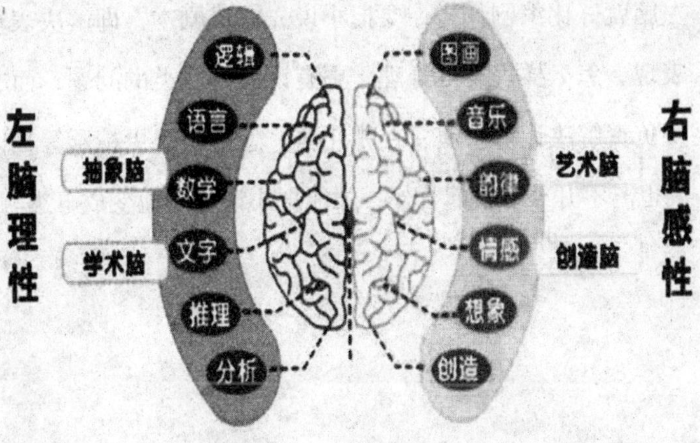

图1–3　*左右脑功能图*

人们在做梦的时候，左右侧新皮质脑通常都会参与其中，不过，他们工作的分工与原理却有所不同。在睡眠状态中，由于大脑要全面休息、补充能量、整理记忆，清醒状态下所获得的各种信息会暂时停止进一步加工，而那些特别重要的信息，比如反复思考的重大问题、特别需要持续关注的问题等，也被迫暂时进入搁置状态，大脑转而进入更隐蔽的工作状态。在这种特殊的工作状态下，左右脑仍然有明确的分工和紧密的协作机制。右脑负责根据问题的特点、性状、规律，从记忆中选取与之有某种关联的材料作为替代品，替代现实中的问题；而左脑则按照这些材料的功能、作用以及出场顺序，负责组织加工这些材料。左右脑共同合作，一起演绎精彩的梦境画面，这些梦的基本内容多半都是我们能在清醒后感知到的显性的内容。所以，我们通常将梦境表面上所传达的意思称为显梦。

不过，需要强调的是，由于左右脑功能不同，右脑通常比较懒惰，在选择材料时，总会优先考虑近期发生的事件，于是，近期所获得的残存在大脑中的相关信息就会成为形成梦的重点材料。这部分材料非常鲜活，往往与梦有直接关联。如果认为找到梦境与现实的关联，这个梦就解释了，那就有点简单了，实际上，这只是形成梦的第一步，可能它只是一个诱发事件。

如果我们把梦要反映的问题比作一本小说的话，那么，做梦就是要把小说拍成电影。左脑就好比编剧一样，要把小说先写成剧本，即解决表现什么、用什么方式来表现、怎么样表现更合理、更有说服力之类的问题；而右脑就像导演一样，主要负责解决让谁来演、在哪儿演、怎样演得更精彩等具体问题。导演和编剧，谁也离不开谁，一起合作，才能把小说成功地变成电影。

六、人类不能没有梦

我曾经听有些人说过：我从来不做梦！真的是这样的吗？反正我是不信的，没有人不做梦。人活着，需要梦，就如同维持生命需要空气和水一样。为了证明这个论断，心理学家做了许多关于梦的实验，其中最有名的是20世纪50年代美国心理学家威廉姆·戴蒙特的梦剥夺实验。实验选择了八位男性自愿者，年龄从23至32岁不等。被试者按要求在他们通常的入睡时间来到睡眠实验室睡觉。实验人员将微电极连接到被试者的头皮和眼部周围，以记录脑电波图形和眼球运动情况。这些电极的导线穿墙而过，连到隔壁房间里，使被试者可以在安静而黑暗的房间中入睡。

实验分三个阶段：第一阶段为正常睡眠阶段。在这个阶段，要求被试者整夜正常地睡眠，以便给每个被试者建立平时做梦数量和时间的基线，同时了解被试者的总体睡眠模式。

第二个阶段为梦剥夺阶段。在这个阶段，每当实验人员发现被试者进入快速眼动睡眠阶段（这表明被试者开始做梦），实验人员就会唤醒被试者，要求他们在床上坐起并证明他们已经完全清醒，几分钟后才允许他们再次入睡。这样一来，被试者的梦就无法完整地做完了，也就是说，他们的梦完全被剥夺了。没有梦的睡眠会带来什么结果呢？

研究发现：经过几个晚上的梦剥夺之后，被试者出现了一系列明显的生理症状：血压上升、心跳加速、体温升高、皮肤电压增加、植物神经系统机能减弱，等等。与此同时，梦剥夺还引起人心理上一系列不良反应，如紧张、焦虑、易怒、健忘、出现幻觉、定向障碍、感知障碍等。

第三个阶段为恢复睡眠阶段。在这个阶段，所有产生症状的被试者被告知放假几天，他们可以在实验室里正常睡眠，时间与梦剥夺天数相同。实验人员同样对这一阶段被试者的睡眠和梦进行全程监测。结果表明：经过睡眠恢复之后，他们都能恢复到之前正常的状态中，生理和心理症状基本消失。另外，实验还发现，被试者在恢复睡眠的最初几个晚上，做梦的数量要比正常睡眠时做梦的数量多一些，似乎这样多做几个梦，便可以在数量上尽量补偿被剥夺的梦。

从这个实验中，我们可以看到，梦对于维持正常的生理过程和心理活动具有相当重要的作用。当然，如果戴蒙特能够在做实验的时候，再增加一个对照组，即让被试者能够在非快速眼动睡眠状态也能够被唤醒，然后还能证明被试者并没有同样会产生焦虑、紧张的一系列症状，那么，这个梦剥夺实验的结果就更加令人信服了。或许，我们只能期待后来者重新做这个实验，以弥补研究中遗留下来的遗憾。但至少戴蒙特的实验为我们在一定程度上证明，梦的存在具有重要的意义。

除了戴蒙特的研究，日本山梨大学研究人员还通过了另一项研究证明了梦真的对人类非常重要！他们的研究发现，人的大脑中存在着两种相反的梦催眠肽。一种是无梦催眠肽，将其施于动物，动物的无梦睡眠期就会延长，动物的平均寿命明显缩短；另一种是有梦催眠肽，将它施于动物，使其睡眠的有梦期延长，结果实验动物的平均寿命大大提高。由此，我们不难想象，如果将这两种梦催眠肽施于人类，其效果也可能与施于动物是相同的或相似的。

梦，实在是大自然在进化过程中给人类的一种恩赐和馈赠啊，即便我们的寿命没有因梦而延长，我们也会因为有梦而变得更加健康、更加精彩、更加幸福。

七、梦是情绪宣泄的秘密通道

说到情绪宣泄，我们可能会想到，把自己的感受写到日记本里，或者找一个人尽情地倾诉，或者找一个地方大哭一场，抑或是到KTV包房里放声高歌，当然，还可以到宣泄室中肆无忌惮地拳打脚踢，发泄一通。诸如此类的方式，可能我们平时感到压抑的时候，都会想到或者用到。其中，有的方式可以直接宣泄压抑的负面情绪；有的方式则是以艺术的方式来升华压抑的心理能量；还有的方式则是通过大量而快速地消耗体能来减轻压抑感受。

其实，除了这几种常见的宣泄方式之外，人类与生俱来就自带着一种秘密的情绪宣泄方式，这种方式就是做梦。就好比电脑出厂时会自带系统文件一样，我们在使用应用程序时，虽然看不到电脑的系统文件是如何运作的，但缺少这些文件，应用程序就会无法正常运行，电脑也可能会瘫痪。我一直认为，通过做梦来宣泄情绪是我们经常会忽略的一种有效的表达途径，但这种宣泄方式却从来没有远离我们。

记得十年前在西安的一个释梦培训课上，有一个30岁左右的女学员当着所有学员的面，向我报告了一个让自己觉得非常不好意思的梦。“连续好几天晚上，我都在梦中和婆婆厮打在一起，而且每次都能将婆婆打得跪地求饶，心里真的感觉很痛快。”经了解得知，她平时对婆婆有许多不满和愤怒，但由于父母的家教很严格，要求一定要尊重长辈，所以在现实生活中，她从未在婆婆面前表达或者流露出不满。做了这些梦以后，她见到婆婆，总感觉不好意思，觉得无论婆婆怎么不好，也不应该在梦中那样做，自己确实有点过分。于是，她总是在现实中用实际行动来补偿，对婆婆加倍地好。所以，多年来，她们一直和睦相处。而梦中所发生的一切，婆婆却从来不知道，但愤怒都被悄悄地宣泄掉了。由此可见，梦在维持梦者与婆婆关系中所起到的宣泄作用是多么的重要。

读到这里，可能大家会提出一系列疑问：是不是我们所做的每一个梦都有宣泄作用？通过做梦来宣泄压抑情绪有没有科学的依据呢？

首先，虽然每个人都会做梦，每个梦也都有特定的意义和作用，但并非每一个梦都具有宣泄情绪的功能，只有那些饱含情绪色彩的梦才具有宣泄的功能。需要指出的是，梦中的宣泄是无意识想象行为，如果梦者不说，没有第二个人知道，因此，梦的宣泄功能也只有梦者才能充分体验到。

其次，梦中的情绪宣泄是一种隐蔽的无意识表达，但却同样具有宣泄的功能，并且有充分的科学依据。我们都知道，梦是一种特殊的意象。在心理学上通常指那些承载着个体在主观想象中赋予某种心理意义的客观事物的形象。与之相近的一个概念是表象，表象是指客观事物不在眼前时，我们大脑中所呈现的客观事物的形象。表象有时也会有一定的心理意义，不过，这个意义是人的意识赋予表象的，而意象所指的心理意义则是由潜意识赋予它的。它们的共同之处就在于，对于现实世界来说，他们都是虚幻的，但是在心理世界，他们都是现实的。因此，对表象进行操作所能达成的心理效果，对意象进行操作也同样能实现，再说的具体一些，在梦中打一个人所能生的宣泄效果与在现实中打人所能产生的效果在心理层面是相同的。由于梦是一种意象，所以，在梦境中产生的内容和一个人所想象的内容对人的心理和生理影响是一致的。比如说，一个人在梦中意外地中奖而获得了一大笔钱与其在现实中真的中奖所产生的心理感受是一样的，都会让人觉得身心愉悦、神清气爽、兴奋不已。再比如，一个人在饥饿的状态下，看到美食会流口水，同样，他在梦中见到这些美食也会流口水。

如果从神经生理学的角度来讲，神经递质的分泌无论是在梦中还是在现实中，人的生理反应是一致的，比如说，看到美食或想到美食可能都会导致唾液腺分泌出唾液。可能唯一的不同是，在现实中，口水快流出来时，人会通过吞咽来控制它，而在梦中，这些口水则可能肆无忌惮地直接流到嘴角外面。一句话，通过做梦来宣泄情绪不仅是现实的，而且是科学的，当然也是秘密的。

八、利用梦境预测未来靠谱吗？

从古到今，未卜先知、预知吉凶和见微知著都是人类向往的一种神秘能力，具有这种能力的人总是被人们奉为神灵，尊为智者，顶礼膜拜。人们总是相信深居名山大川的高僧老道会有这种先知先觉的能力，于是便将命运的方向盘轻易地让他们来掌握。殊不知，人类命运的密码就隐藏在我们的大脑深处，藏匿于梦境之中。人类的梦境本身就具有一种预测作用，只不过，我们很少从科学的角度去解释这一现象，也不能正确地解读梦中所传递出来的预测意义，而只是一味地夸大或歪曲梦境的作用，从而陷入了迷信的思维窠臼而难以自拔，最终，为梦披上了一层神秘而又丑陋的面纱。

在古代，由于人们认知世界和人类精神现象的能力都非常有限，所以就出现了诸如甲骨解梦、占筮解梦和星象解梦之类的释梦方法。古人认为梦是人与神灵沟通的基本方式，是神灵想通过梦来告诉人类祸福吉凶之类的未知之事。其原理也都非常简单，基本上是借助与梦境无直接关系的甲骨上的裂纹、卦象、星象等来预测梦者的福祸吉凶。现在，在我们看来，那种方式简直有些滑稽可笑，但是，在那个时候，人们对梦的理解就是被局限在一个比较初级而又神秘的层次上。但凡有重要的梦出现，人们总会千方百计地从梦境中寻找能够预测吉凶或未来发展走向的蛛丝马迹，即使关于梦的解释非常牵强，预测并不十分准确，占梦者们也会通过一套神秘的仪式最终让梦者接受他们的分析与预测，从而延续梦预测未来的神奇功能。

大约到了周代的时候，终于有人将多年来民间对梦的认识成果汇集成了一本著作——《周公解梦》。这本书是后人借周公姬旦之名来命名，但却非周公本人亲自编著，它是世界上第一部专门分析梦境的经典文集，是我国古代文化的光辉遗产，是中国劳动人民智慧的结晶，是中华民族的集体潜意识。翻开任何一个版本的《周公解梦》，我们都不难发现，其中充满了预测的意味。比如说，梦到小孩儿，可能会预示着你被小人陷害；梦到牙齿脱落，可能预示着将与亲人分离；梦到被狗咬了，可能预示着将会有朋友背叛你，等等。虽然诸如此类的梦境预测并没有人们所传的那么神奇，但它却真真切切地深刻影响着过去人们的精神生活，并且一直持续到现在。

不管《周公解梦》到底有多少可信度，但有一点我们必须承认，梦境确实有一定的预测作用，或者说，有一些梦会有预测作用，只是不完全像《周公解梦》中所说的那样，梦主要是用来预测未来的。

从科学角度来讲，梦的预测作用实际上是来源于人压抑的直觉。直觉，简单地说，就是直观感觉。长期以来，人们一直片面地认为，直觉就是视觉、听觉、嗅觉、味觉、触觉之外的第六种感觉。实际上，严格地讲，直觉不是一种感觉，而是五种基本的感觉再加上人的主观感受，在未经过分析和推理的情况下而形成的一种思维推理形式，它的形成与职业、阅历、知识、本能等因素密切相关。正是因为直觉的形成会有人的主观因素参与，所以它也必然会有出错的时候。因此，梦的预测作用有时也不一定准确，其准确度和人在清醒状态下的直观判断没有显著的差异。

直觉被压抑，是因为没有在清醒状态中表达出来，而被遗忘或禁锢在潜意识中，最后以梦境的形式呈现出来。由于事先已经有了相关的结论，只是没有机会和条件去表达而被遗忘或压抑，所以，当梦形成之后，之前大脑直觉所形成的结论等于是以梦境的形式被重新感知了一次，因此会更加清晰地被意识到。不过，这个时候，人们通常已经不再提直觉了，转而会将自己的预感归因于梦境的预测作用。

举一个例子来说明吧。有一位怀孕七个月的妻子，发觉老公经常深夜喝酒后，醉驾而归，虽然每次都能平安归来，但妻子心里仍然有说不出的担心和忧虑。凭直觉，她认为老公这么大意，迟早要出事，但是她却一直压抑着，没直接对老公讲，只是表达了一些自己的担心和关切。当然，她不愿意说出自己的不祥预感，还因为怕脾气暴躁的老公万一生气和自己吵架，伤到肚子里的孩子。有一天晚上，妻子做了一个梦，梦见自己的老公酒后驾车，在高速公路上被警察带走了，说是违反了交通安全法，要拘留15天，扣12分，禁止以后再开车，并且开除公职，开除党籍。梦醒后，她内心突然产生一阵不安和焦虑。

果然不出所料，在这个梦之后的第二天晚上，老公醉酒驾车回来的路上，被深夜盘查的警察拦住并现场拘留，印证了自己的梦。这个梦看起来的确是有预测作用。不过，妻子先前的直觉判断已经比较明确了，只是一直没有表达出来。直觉被压抑下来后，妻子便通过梦境表达了自己的担心。诸如此类的梦还有很多。就拿我个人来说，那年高考结束后，我觉得自己考的不错，于是就把所有的复习资料全部卖掉了，我相信自己一定能考上。结果在等待高考成绩的那几天里，我做了一个梦，梦见突然有邮递员送高考通知书到我家，我笑着从梦里醒了过来。一周后，我接到学校的通知，说我考上了大学。因此，与其说是梦境本身具有预测作用，还不如说，做梦之人有先见之明。

梦的预测作用大概就是如此吧，从一定意义上讲，还是比较靠谱的，只不过，具有预测作用的梦比较少，大约占整个梦境总数的5%。所以，如果认为每个梦都有预测意义，或者绝大多数梦有预测意义，那一定是你在认识上出现了偏差。

九、梦是健康的报警器

健康是人们都向往的一种状态，为了确保健康，人们经常做体检，以达到从外部监控人的身体健康的目的。可是，在古代，没有那么多的仪器，人们是怎么监控自己的身体健康的呢？当然，通过细细地体验自己的感觉是一种常见的健康监控方式。除此之外，人们还有一种来自身体内部的随遗传而得来的自我健康监控方式，即通过梦境来监控。

我国最早的医学典籍《黄帝内经》中早有记载:如果人梦见船沉入水中，人浮水上，并且内心感到害怕，那表示梦者肾气虚；如果梦见草木阴森，人伏在树下不敢起来，则表示肝气虚；如果梦见抱薪救火，则表示心气虚；如果梦见总是吃不饱饭，则表示脾气虚；如果梦见在大水中惊恐逃窜，则表示阴气盛；如果梦见大火烧身，则表示阳气盛；如果梦见刀光之灾，则表示阴阳都盛。由此可见，早在古代，人们就已经非常重视通过梦境来预警身体健康状况。

现代人对此仍然非常重视，成都作家席永君在2007年的时候出版了一本书，名字叫《梦诊》。在这本书里，作者重点分析了纷繁离奇的梦境与各种身体疾病之间的潜在关系。这本书告诉我们如何通过对梦境的分析来发现可能潜在的疾病，同时也提供了许多可以参考的梦境与疾病之间的对应关系。这对于丰富和加深人们对梦的认识起到了一定的作用。

国外的心理学研究也发现，梦境的确与某些生理疾病之间存在着一些关联，有时可以映射疾病，提示健康状况。在这个问题上，国内外的研究的确形成了许多相同或相近的结论。比如，当人们熟睡时梦见生肉，这将意味着患者会出现肥胖危机；许多患有心脏病的患者，在心脏病发作之前都曾做有噩梦，称梦到有人要扼杀自己，或是梦见自己胸闷气喘；一些肝脏和胰腺疾病患者，会在睡梦中梦到自己吃了一些腐烂的肉和水果；如果梦到分娩、胃部受伤，吃东西时感觉恶心、呕吐等，则预示着肠胃疾病；如果呼吸系统出现病症，则会梦见人被活埋，感到胸部受压疼痛；如果梦境中出现戴着手铐、穿着紧绷的鞋子，这预示着身体关节和脊椎出现病症；梦中听到怪响，预示听觉系统可能有潜在疾病；连续几日内都做相同的掉牙齿的梦，则与口腔运动和胃肠道功能有关，提示消化系统和呼吸系统有疾病的存在。

其实，梦境除了能够提示生理疾病之外，对心理疾病也有一定的预警作用。导致心理疾病的原因是多种多样的，包括早年的心理创伤、持久的内心冲突、长期压抑的欲望、现实中未达成的愿望、没有机会表达出来的想法，等等。由于各种现实因素的干扰和影响，人们常常不知不觉地把这些创伤、冲突、欲望及需求压抑着，长此以往，未给予关注，似乎它们已经消失。但实际上，它们依然存在，并且还在持续地影响着人们的心理活动。

那么，我们是如何来发现这些被压抑的问题呢？方法当然很多，其中一个最常用最有效的方法就是通过梦的分析来发现。压抑着的东西总是要表达的，既然潜意识通过梦境表达出来了，说明这些问题值得关注一下了。比如，抑郁情绪比较严重的人或者抑郁症病人经常梦到灰蒙蒙的天空、凌乱的大街、封死的胡同、沉默的黑影、没有树叶的枯树、断垣残壁的废墟等场景；处在紧张焦虑中的人或者焦虑症病人可能会梦到火烧房子、水淹房子、考试没有带笔、没有按时完成任务等场景；而具有完美主义倾向或者强迫症的人则可能总是梦到反复做一件事、反复在细枝末节的问题上纠缠等场景。这些梦境反复出现的同时，人的内心和身体也会有相应的感受，因此，必须给予高度的重视。

由此，我们不难发现，梦境与人当前的生理和心理状态确实是有一定关联的。不过，到目前为止，人们还很难准确地说出这其中的规律，无法精确地通过梦境来判断一个人的生理和心理状态。目前的相关研究依然和《周公解梦》所采用的研究方法一样，通过对大量数据进行不完全归纳整理，以此来进行分析，从中发现某些规律性的结论。必须强调的是，虽然这些结论有一定的可信度，但其科学性还有待于进一步研究考证和完善。或许正是由于在梦的研究中充满了许多的未知和变数，才大大地激发了人们的好奇心和求知欲。

十、梦是自我认知的起点

早在2000多年前，古希腊奥林匹斯山上的德尔斐神殿里竖着一块石碑，上面镌刻着一句象征人类最高智慧的神谕："人啊，认识你自己！"自从那个时候起，人类就一直通过各种各样的方法来探索心灵世界，以求实现认识自己的神谕。在人类探索心灵世界的漫漫长路上，迷信与宗教同在，唯物与唯心共存，心理与思想并行。由于观察的视角不同，人们对人类心灵世界的理解也各有差异，从而涌现出了一大批思想家、哲学家、牧师、高僧、科学家和心理学家，其中，贡献最大的人当属心理学家西格蒙德·弗洛伊德。弗洛伊德的伟大之处就在于他发现了人类的潜意识，这是前所未有的，他深刻而又准确地揭示了隐藏在人类心灵深处并左右人行为的内在精神动力。与此同时，弗洛伊德还创立了精神分析理论体系，使得人类对精神世界的认识到达了一个前所未有的深度。正是因为弗洛伊德的这一伟大贡献，他与爱因斯坦、马克思被并称为"影响世界历史的三个犹太人"。

弗洛伊德所发现的潜意识，也就是我们日常生活中所说的无意识。它深藏于人的心灵深处，是不可接近和难以触摸的，是人类精神世界不能认知或尚未认知到的部分，同时也是人类精神活动的主要方面。潜意识包括人的各种本能、欲望及原始冲动。如果将人类的整个精神世界比喻成一座冰山的话，那么浮在水面之上的冰山属于能够被我们正常认识的那一部分，约占总体积的5%，而另外95%则隐藏在水面之下，属于我们无法正常认知的部分。因此，探索人类尚未认知的潜意识就成了人认识自己的主要任务。

那么，人们怎么去认识人的潜意识呢？弗洛伊德也指出了许多方法，其中最重要的方法便是释梦了。梦是潜意识的代言人，是潜意识的主要产品。通过对梦的分析，可以深入地了解自己身上那些不为人知的欲望和冲动；通过对梦的分析，可以发现未知的自己；通过对梦的分析，可以觉察左右自己行为的神秘力量；通过对梦的分析，可以悄悄地释放积压于内心的心理能量，从而点燃生命的火种。从这个意义上来讲，梦是探索自我的起点，是认识自己的捷径，是人人都应该熟知的一种自我认识的方便之门。

第二章

释梦，从这里扬帆起航

前弗洛伊德者弗洛伊德不遗，后弗洛伊德者不遗弗洛伊德。

——王逸

自从决定要研究释梦后，我就果断地收藏了“阳光论坛”上《生活八卦》栏目的释梦专帖。每天吃完晚饭，散完步，我就赶紧回到电脑前去看帖子上更新的内容。与此同时，在晚上睡觉前的半小时，我一般都会去跟帖留言，并和发帖子的人互动。其实我最好奇的是，那个网名叫“追梦”的人到底是谁，是个什么样的人，他为什么对梦有如此的兴趣。有一次，我终于把我做的一个梦发到论坛上，“追梦”果然主动与我互动，然后给我做了简要的分析。我觉得挺有道理的，内心感触颇深。经过我坚持不懈地打听，他的神秘面纱终于被揭开了。他不是别人，正是我的同门师兄。后来，在我的强烈建议之下，我们一起组织了同门的其他几个师兄弟，开始坚持在每周三晚上进行释梦分析讨论小组活动。从此，我就正式开始了对梦的研究。

一、潜意识是梦的老巢

要研究梦，首先从哪里开始呢？这个问题，我思考了很久，最后确定从了解人的潜意识开始。原因很简单，大多数梦都是源自于潜意识，是潜意识的特色产品，因此，我们可以说潜意识是人类精神的大本营，是梦的老巢。当年，弗洛伊德提出潜意识的概念时，很多学者不以为然，甚至视之为一个伪命题。事隔多年之后，人们慢慢地发现，弗洛伊德是对的，在人类的内心深处的确存在着一股隐形的力量，这股力量左右着我们的行为，而我们平时却没有办法看到它，甚至根本就觉察不到它的存在，但它却是主宰着我们精神活动的主体。

按照弗洛伊德的观点，人的精神活动主要包括欲望、冲动、思维、幻想、判断、决定、情感，等等。它们会在不同的意识层次里发生和进行，这些层次包括意识、前意识和潜意识，就好像深浅不同的地壳层次结构一样，故称之为精神层次。弗洛伊德的理论也被称之为精神层次理论。如图2–1所示。

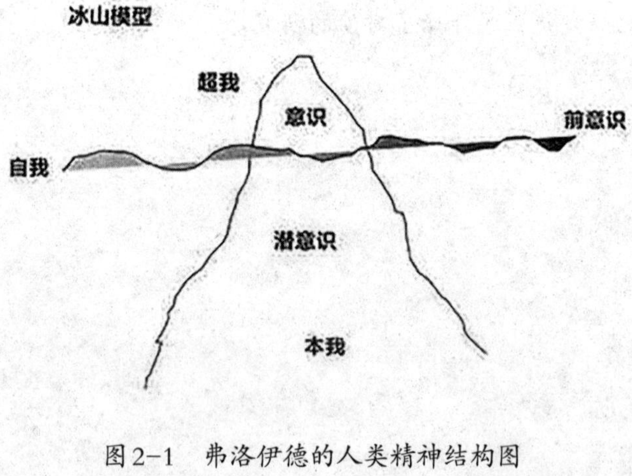

图2–1　弗洛伊德的人类精神结构图

精神层次理论认为，处在精神结构最上层是意识，俗称自觉，凡是自己能察觉到的心理活动都属于意识层次。它处于人的心理结构的表层，感知着外界客观事物和现实环境刺激，用语言来反映和概括事物的客观状态和理性内容。

与意识相对应的人格结构被称为超我，即能进行自我批判和道德控制的理想化了的那一部分“我”。它是儿童在生长发育过程中受社会规范、伦理道德及家庭教育的影响形成的，是社会法规制度、道德纪律及权威角色对其赏罚影响的人格化体现。超我主要包括两个方面的内容：一方面是平常人们所说的良心，代表着社会道德对个人的惩罚和规范作用；另一方面是理想中的我，决定着道德行为的标准。超我的主要职责是指导自我以道德良心自居，以道德原则去限制、压抑和控制本我的本能冲动。所以，超我遵循的是道德原则。

处在精神结构最底层的是潜意识，生活中，我们常常称之为无意识。它主要包括被压抑的、被遗忘的或没有被意识到的心理活动，代表着人类更深层、更隐秘、更原始、更根本的心理能量。潜意识是人类一切行为的原始内驱力，也是梦境的发源地，它包括人的原始冲动和各种本能以及与本能有关的各种欲望。由于潜意识具有原始性、动物性和野蛮性，与社会理性水火不相容，所以只能被压抑到精神结构的最下层。但是，它从来都没有因为被压抑而消失，而是一直在暗中悄悄地潜伏着，并且时时刻刻都寻求欲望的直接表达或象征性满足的机会。正是这些不为人知的神秘力量从精神世界的深层支配着整个人的心理和行为，人的一切动机和意图才有了永不枯竭的源泉。

与潜意识相对应的人格结构是本我。本我处在精神结构的最底层，它就像一个追求享乐、贪财好色而又不知悔改的无耻之徒，身上充满了与生俱来的动物性的本能冲动，特别是性的冲动。本我是混乱无序和毫无理性的，盲目地追求自身的满足。所以，本我遵循的是快乐原则。

处在意识与潜意识中间的是前意识。前意识源自于潜意识，是潜意识的一部分，是一种可以被回忆起来的、能被召唤到清醒意识中的潜意识，是潜意识的“特使”“中间人”，既联系着意识，又联系着潜意识，是调节意识和潜意识关系的中介变量。前意识的作用非常重要，不仅仅体现在将潜意识转化为意识，更体现在阻止潜意识进入意识，它起着重要的“检查”作用。在正常状态下，绝大部分充满本能冲动的潜意识都会被牢牢地控制着，不容易转变成前意识，更不容易进入意识。

与前意识相对应的人格结构是自我。自我处在意识和潜意识的中间，是从本我中分化出来、受现实陶冶而渐识时务的一部分。自我充当本我与外部世界的联络者与仲裁者，并且在超我的指导下监管本我的活动，它能根据周围环境的实际条件来调节本我和超我的矛盾，决定自己的行为方式。生活中，我们经常称之为理性，它要求我们既要保证获得本我的满足，又要避免受到超我惩罚的痛苦。所以，自我遵循的是现实原则。

最后值得强调的是，人们在正常的交流和沟通时，通常有三套表达系统在大脑中同时运作。一套是超我所处的意识系统，一套是自我所处的前意识系统，一套是本我所处的潜意识系统。超我常常倾向于根据最理想的目标和最高的标准来表达，而本我则是倾向于根据人的本能需要和真实情况来表达，自我的主要任务就是协调本我与超我之间的矛盾。当自我足够强大、足够灵活，能够协调好超我与本我之间的矛盾冲突时，整个表达过程就会显得流畅、自然、得体并且具有美感；假如自我无法同时满足超我与本我之间产生的矛盾时，人就会出现诸如口误、结巴、忘词、无故停顿、肢体动作和语言表达不相称等纰漏。弗洛伊德非常重视这些材料，他认为这些内容的表达是有意义的和最值得分析的，因为，这些内容比较准确地反映了人们精神世界的隐性矛盾和冲突，而了解这些矛盾和冲突，有利于更加深入地揭示人内心深处悄悄发生的精神活动，有利于人更加深刻全面地认识那个未知的自己。

二、潜意识的十大特点

深入了解人类潜意识的基本特点，对于深刻理解人类的欲望、冲动、行为及梦有重要作用。

1.容量巨大

研究表明：潜意识的容量大小是与人的大脑神经元的数量紧密相联的。美国数学家奥图博士经过严密的推算之后认为，一个正常人的大脑中大约拥有的神经元数量是10的15次方，如果全部用来记忆知识的话，大约可以记忆6亿本书的知识总量，相当于一部大型电脑存储容量的120万倍，约2亿个G的容量。如果人大脑的潜能随便发挥出一小半，就可以轻易学会40门外语，记忆整套大百科全书，攻读12个博士学位。由此可见，潜意识的容量是非常大的，永远也不担心自己所学的知识脑子里装不下，那绝对是一种自欺欺人的说法。

2.钟爱彩信

严格地讲，这里所说的彩信需要加上双引号才更加准确，因为它不是我们经常所说的手机彩信，而是指那些饱含感情色彩的信息，尤其是与爱恨情仇相关的信息。这类信息最容易在不知不觉中被遗忘到潜意识的某个角落里，长久存在，永不消失。而那些平淡无奇、情绪情感色彩不强烈的信息，则容易被人们淡忘，若不经复习，很快就会被遗忘掉。因此，如果我们想要被一个人记住，就要善于在与他或她的交往中制造更多的情绪情感体验，这样就容易给对方留下深刻的印象，被对方铭记在心里；反之，没有深刻的情绪情感体验的交往，则不容易被对方记住。如果一个人的情绪情感体验被压抑了，那么，它们并不会消失，而会找机会借由梦的形式来表达。所以在释梦的时候，千万不能忽略梦者在梦中的情绪情感体验，那是梦者理解梦的一条重要线索。

3.非常诚实

潜意识在人格结构中，对应着本我这一部分，本我就像一个诚实但又充满欲望的小孩。如果没有自我的监督、检查和超我的压制、约束，潜意识会随时随地如实地将自己看到的、听到的、想到的直接表达出来，而不考虑表达之后会产生什么结果，就像襁褓中的婴儿一样，饿了就吃，吃饱了就睡，感觉不舒服就哭，不管外面发生了什么。正是由于潜意识的这一特点，所以，人类的内心深处，都有一种实话实说、如实反映自己内心想法和各种欲望的本能冲动。只不过有些时候，由于前意识和意识的存在，潜意识需要将自己的本意改头换面，才会被允许表达，梦就属于这种表达方式中的一种重要形式，而释梦，恰恰就是帮助人们将改头换面后的潜意识还原成本来的面目，让人们更好地了解自己的真实想法。

4.善于伪装

人在入睡后，潜意识表达压抑在内心深处的真实想法的冲动就会增强，或者说压抑的力量会减弱，以至于本我表达会变得非常容易。如果让本我毫不遮掩地表达，超我有时就会感觉非常没有面子，甚至会变得焦虑不安，无所适从。这样一来，本我与超我两者之间的矛盾就会非常突出。当然，人也同样能感受到这种矛盾，如果矛盾冲突严重的话，人还可能会从睡眠中醒过来。为了能保证人有充足的睡眠，有机会得到充分的休整，自我会主动履行检查监督的职责，对所有表达进行充分的严格的审查，目的就是不让引起超我焦虑的内容出现在梦中。因此，为了保证原始冲动表达的通过率，对原来可能会引起强烈冲突的冲动表达进行伪装就显得非常必要。久而久之，潜意识伪装的能力会大大提高，而释梦恰恰就是要揭开潜意识的伪装，还原其真相。

5.打开有道

潜意识的警惕性非常强，它不会随意开放，让未经筛选的信息自由地进入它的领域。潜意识之上，有意识的监督和检查，还有意识的压制和约束，所以，一般信息是无法直接影响到人的潜意识的。但是，有三种情况发生时，潜意识可能会被打开，各种信息便可以自由进入。一是在持续的弱刺激的作用下。比如许多奢侈品店或大型超市常常会播放轻柔低沉的潜意识音乐，以此来打开顾客的潜意识，降低销售客服推销产品的难度。二是在注意力非常集中的时候。比如，人在听报告或上课听到精彩内容的时候，人的潜意识通常是基本开放的。因此，讲课经验丰富的老师总会在讲到重点或精彩的内容之前，先通过段子或故事将学员的注意力集中起来。三是强刺激突如其来时，会在瞬间打开潜意识。比如，催眠技术中有一种特别的方式，叫大呵一声式催眠法，就是利用瞬间的强刺激来直接作用于人的潜意识，进而在瞬间打开潜意识。在这三种情况下，潜意识都会被迫打开，此时信息进入后就会直接作用于潜意识，进而影响人的行为。

6.两头开放

上面已经讲过了，人的潜意识是不会随便打开的，一般都需要特定的手段才能打开。但是，这里需要说明的是，由于受人体生物钟的影响，人在晚上入睡前和早晨起床前这两个时段，潜意识会在短时间内自然开放。此时，意识、前意识处于“休眠”状态，潜意识和意识处在“值班”和“换班”状态，是防御性和分辨能力最差的时段。此时此刻，接收到的信息可以直接作用于潜意识，进而影响人的行为。我们在生活中常说的“枕边风”就是利用这个原理。枕边风之所以管用，是因为它常会直接吹到人的潜意识里。利用这些原理，精明的诈骗分子常常在早晨或晚上以一条短信或一个电话成功地诈骗人们的钱财。也正是因为这个原理，我们要在晚上入睡前和早晨起床前的一段时间里，尽可能地对孩子和爱人说一些鼓励表扬的、动听入耳的话，而不要说一些辱骂批评和挖苦讽刺的话。因为，这两个时段，潜意识对外来信息是不会进行分辨而直接全盘接收的，一旦负面的内容进入潜意识，被对方记住，将会长期对其情绪和行为产生负面影响。

7.需要肯定

就像小孩子都喜欢表扬一样，潜意识也对肯定的、积极的评价和言论非常偏爱，当我们对一个人持续用肯定的语气说话时，往往容易把对方的潜意识打开，所表达的内容更容易被接受。在生活中，我们常常会看到那些善于溜须拍马、阿谀奉承的人们，总会在拍完马屁之后才提出自己的问题和请求，并且总能得到对方的同意。原因之一就在于溜须拍马、阿谀奉承的步骤非常得法，先通过肯定的积极的语言将对方的潜意识打开，然后将目标内容拍进对方的潜意识中，接下来，就会很快看到相应的结果。潜意识的这一特征也提示我们，在给一个人提意见时，一定要先表扬其优点，再提出批评，这样才能取得好的效果。那些常常在提意见的时候为了省事，只说缺点和问题，而对批评对象的优点只字不提的人，常常颇费口舌，却往往收效甚微。

8.瞬间插入

前面我们说过了，当人的注意力高度集中的时候，潜意识会开放，但是，这个时候潜意识的开放不是全面开放，而是以“裂缝”的形式开放。所以，外界信息要想进入潜意识，通常不是单刀直入，而是通过瞬间插入的方式进入的。20世纪50年代，美国著名的调研专家维克利在新泽西北部的一家电影院做过一个著名的实验：他让老板准备了一部特别的放映机，在播放电影《野餐》的过程中，用很弱的光线在银幕上映出“请喝可口可乐”或“请吃爆米花”字样，并每隔5秒钟以1/3000秒的速度插入到电影的正常画面中。如此一来，“意识的眼睛”无法注意到叠印在电影情景上的这些广告信息，但“无意识的眼睛”却“读到”并记住了这些信息。当时，这个测试实验取得了成功，可口可乐的消费量因为这个潜意识广告提升了60%，爆米花销量提高了50%。潜意识瞬间插入的特点，给了人们很多启示。电视节目前瞬间插入的整点报时广告、公交车上的语音报站广告、电视屏幕上一闪而过的产品营销信息等信息传播形式，在生活中处处可见。这些信息传递的形式算不上真正意义上的潜意识广告，但至少可以算是类潜意识广告，其原理都是利用潜意识的“裂缝”而瞬间插入信息。

9.偏爱图像

在语言文字和视觉图像之间，潜意识对后者有一种先天性的偏爱。同样的事物，以语言的形式表达出来，就远不如直接将图像呈现在眼前令人印象深刻。比如说，当你用一段文字来描述汽车的样子时，听者可能在大脑中无法留下一个完整深刻的印象，但是，如果你直接将车子呈现在他眼前，就会令人难以忘记。再想想你的初恋，你还记得他或她曾经对你说过些什么吗？无论如何，你一定记得她是长头发还是短头发，是圆脸还是长脸。潜意识对图像的偏爱缘于潜意识和右脑的关系比较密切。大脑功能特点决定语言文字的记忆主要与左脑有关，容易存储在意识中，而视觉图像的记忆主要与右脑有关，即容易存储在潜意识中。也正是这个原因，梦多半是以图像、画面或意象的形式呈现出来，而很少以文字、语言或声音的形式呈现在大脑当中。

10.相邻相关

人的潜意识还有一个非常显著的特点，很少有人能意识到，但却经常能感受到，甚至有些人在不知不觉中受其影响而始终没有觉察，这个特点就是潜意识的相邻相关。相邻相关是指人们会将在相邻空间、同一空间以及相继发生或同时发生的事情在潜意识中按照因果关系进行分析和理解。生活中我们常说的“说曹操，曹操就到”“某某地方很邪乎，说什么，就来什么”，均表达了这样的意思。人们经常在潜意识中进行了相邻相关的逻辑推埋，虽然在意识层面予以否认，但其行为却会受相邻相关推理的结论影响。这是人类的一种特殊心理机制，也是潜意识的逻辑思维方式。举一个例子，大家就明白了。四年前，有几个朋友一起去了杭州灵隐寺。进入大雄宝殿后，大家都非常恭敬，还有人上了香。但是，有一个年轻的朋友却背着双手，来回走动，还不停地评头论足，显得非常不屑，大家都没有说他，只是用异样的目光看着他。参观结束的时候，大家先他一步出来了，而他却一个人落在后面。出门时，他一着急，不小心被门槛绊倒在地上，趴在地上许久才慢慢地爬起来，所幸没有伤到筋骨。他赶紧往回走，上了一炷香，并且给功德箱里投了100元，这才安心地出来了。大家在议论的时候都表示，幸亏自己刚才没有对佛表示不敬，要不然，受到惩罚的便是自己。其实我们都知道，上香和摔倒这两件事情，并没有本质的联系，只是在时间上相继发生，并且也发生在同一时空里，于是人们就会在潜意识中将两者的关系用因果关系推理，认为小伙子摔倒是因为之前有对佛不敬的言行。

三、集体潜意识中藏着原始的梦

集体潜意识这个概念是瑞士心理学家古斯塔夫·卡尔·荣格提出来的，它是荣格分析心理学中最重要的基本假设，贯穿了荣格的全部理论，是分析心理学的核心概念。那么，荣格为什么要提出集体潜意识这个新的概念呢？到底什么是集体潜意识？集体潜意识与梦又有着什么样的联系呢？要把这些问题回答清楚，我认为，还得从荣格和弗洛伊德的关系谈起。

弗洛伊德是奥地利著名的精神病医师、心理学家、精神分析学派创始人，而荣格则是瑞士的精神病医师、心理学家。自1900年弗洛伊德的《梦的解释》出版后，荣格才认识了精神分析学说，了解了弗洛伊德，从此之后，他深深地喜欢上了精神分析并且开始追随弗洛伊德。荣格先后两次去弗洛伊德家登门拜访，弗洛伊德也专门到瑞士看望荣格，并指导其学习和工作。其间，两人书信往来频繁，交往密切，他们交流和探讨着许多重要的问题。从1907年开始，荣格与弗洛伊德正式合作，发展推广精神分析学说，时间长达6年之久。

后来，两人因在潜意识理论等问题的认识上产生了严重的分歧，关系逐渐恶化，最终完全破裂，彻底分道扬镳。弗洛伊德认为，潜意识主要来自个人早期生活，尤其是儿童时期所被压抑、被遗忘的、创伤性的生活事件，它们构成了潜意识的主要内容。由于每个人的生活经历不一样，每个人的个性特征也不一样，所以，其潜意识当中所存储的内容也不一样。因此，潜意识具有个性化色彩和后天的特性。但荣格不太同意弗洛伊德的观点。经过对考古学、人类学和神话学的理论和实践的研究，荣格认为，弗洛伊德所说的潜意识的确含有个人色彩，所以可以称为个体潜意识，但它的存在并非完全从后天中获得，而是有赖于更深一层的生活经验。这部分经验不是后天生成的，而是先天就存在的内容，并且这部分潜意识内容不是个别人的，而是普遍的，即所有人身上都有的相同的部分，它组成了一种超个性的共同心理基础，并且普遍地存在于我们每一个人的身上。这种潜意识，荣格将其称为集体潜意识。

荣格多次向弗洛伊德说明自己的研究及发现，弗洛伊德也认识到了潜意识具有普遍的形式和特性，但却一直不公开这一观点，并且仍然赋予潜意识以完全个人的特性。荣格认为，弗洛伊德这么做存在一定的学术偏见，如果他承认了集体潜意识，就意味着动摇了原先的精神分析理论的基本假设和主要观点，于是精神分析理论体系就得做一次大的“手术”才能被大家重新认可。这样一来，不仅会动摇弗洛伊德稳固的权威地位，也会引起精神分析学术界的混乱，同时还会打消精神分析爱好者学习和传播精神分析理论的积极性，那将会重创精神分析学派的发展势头，甚至对精神分析学说是一次毁灭性的打击。弗洛伊德通过维持自己的观点保护了这个学派的稳定性，同时也维持了自己的绝对权威的学术地位。

为了能够将自己的发现与弗洛伊德的理论整合起来，在不对精神分析理论体系伤筋动骨的情况下让自己的发现为世人所认同，荣格认为，弗洛伊德所发现的是个体潜意识，处在精神结构的中层，自己所发现的是集体潜意识，处在精神结构的底层，而意识处在最上层。这样一来，两个人的观点就不冲突了，甚至还是一个有机的统一体。荣格还曾经有意模仿弗洛伊德用冰山来比喻人类的精神结构的方法，他用海岛来做比喻，认为高出水面的部分代表意识，水面之下由于潮汐运动而露出来的部分代表个体潜意识，而所有孤立的海岛的共同基础——海床，就代表集体潜意识了。在后来人看来，与弗洛伊德相比，荣格在精神结构理论上就成了集大成者，而弗洛伊德则是当之无愧的开创者，外界会用青出于蓝而胜于蓝来形容荣格，也可能会有人用“两人平分秋色”来形容他们在精神分析理论上的贡献。但是，这都是弗洛伊德不愿意看到的，因为他永远都要站在金字塔的塔尖上俯视群雄，永远认为自己是“一神教”的教主。

说到这里，我们暂时先跳出心理学家们的理论纷争，来看看到底什么是集体潜意识，它对我们释梦有哪些启示。按照荣格的观点：个体潜意识的内容主要由带有感情色彩的情绪观念的集团，即情结组成，它们构成心理生活中个性的一面，而集体潜意识的内容则是由遗传所获得的先天的、固有的直觉形式，即原型构成。原型也叫原始意象，它可以被认为是一种原始的记忆宝藏，一种进化的记忆痕迹，一种人类固有的思维模式。它来源于同一种经验的无数次的凝缩和不断发生的心理体验的历史沉淀，最终被打上了文化和观念的烙印。原型是人类领悟的典型模式，每当我们面对普遍一致和反复发生的领悟模式时，我们就是在与原型打交道。

值得一提的是，我们与原型打交道最多的地方不是别处，而是梦。在梦中，我们会与各种各样的原型打交道，进行深层的精神交流，接受原型的智慧启迪。比如，凯库勒发现苯环，就是受原型启示。一天晚上，凯库勒坐马车回家，在车上昏昏欲睡。在半梦半醒之间，他看到碳链似乎活了起来，变成了一条蛇，在他眼前不断翻腾。突然，它咬住了自己的尾巴，形成了一个环状，凯库勒猛然惊醒。受到梦的启发，他明白了苯分子原来是一个六角形环状结构。如图2-2。

图2-2　凯库勒

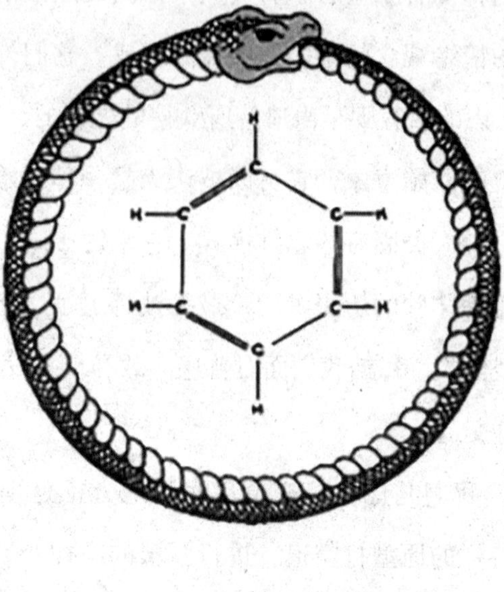

图2-3　凯库勒的苯环

在这个梦里，蛇便是智慧的原型。在《旧约全书》中《始祖被诱惑》第一节中，“蛇对亚当和夏娃说：因为上帝知道，你们吃了果子眼睛就明亮了，你们便和上帝一样能知道善恶”。事实证明，蛇讲的是真理，“他们二人的眼睛就明亮了，才知道自己是赤身裸体，便拿无花果树的叶子，为自己编作裙子”。（《创世纪·违背生命》）从此，人类不再是愚顽不化的了。人类开始思考，开始自省，开始面对未来。可见，在基督教国家，蛇也是智慧的化身。

除此之外，俄国化学家门捷列夫发现元素周期表、奥地利生物学家洛伊发现神经冲动化学传递、美国发明家赫威在设计缝纫机针等都是受原型启示才得以突破的。在西方文化中，蛇、国王等是智慧的原型，它们是原始智慧和直觉智慧的形象化表达。而在中国，智慧的原型通常以阿凡提、文曲星、姜子牙、诸葛亮以及得道高僧和仙风道骨的道士为代表来体现。所以，我们也常称这种智慧的原型为智慧老人。

四、破译梦的编码规则

就像人的语言有自己的语法规则一样，梦是潜意识的语言，它也有自己的语法规则，我们通常将其称为梦的编码规则。弗洛伊德的《梦的解释》一书，在人类历史上第一次科学地、系统地总结了梦形成的四条基本编码规则：象征、置换、凝缩、润饰。依据这些编码规则，我们可以将任何一个梦还原到它本来的样子，即把显梦（梦表面的意思）还原为隐梦（梦深层的意思），让我们明白潜意识的真实想法，了解另一个未知的自己是如何思考的。

利用编码规则将潜意识的冲动和想法变成一个看起来与之没有关系或关系不紧密的意象和画面，这就是梦工作的整体原理。梦的工作的结果是让人在看到显梦后，很难直接而又快速地还原出隐梦。这样一来，潜意识既可以借助梦巧妙地实现自身的表达，同时也确保了心理秘密不直接外露而引发梦者的焦虑。心理释梦师就是依据编码规则将梦由意象还原为意图。这个过程，不仅可以实现潜意识与意识之间的快速沟通，达到顿悟的目的，而且还可以揭示梦者的潜意识思维过程，实现深度的自我认识。

经过大量的释梦实践后，我认为，梦的编码规则中还有两条：缩放与时空联系，当年弗洛伊德并没有说到，在此，我一并拿出来与大家分享。接下来，我们逐一分析。

1.象征

象征是梦形成的最基本和最重要的编码规则，也是人类潜意识使用最频繁的一种造梦手法。在文学上，象征是指以具体的事物或形象来间接地表现抽象事物的观念；在心理学上，象征可以被理解为不可见的某种物（如一种概念或一种风俗）的可以看见的标记；而在梦中，象征则是用一种事物代替另一种事物，用一种行为暗示另一种行为，再具体一点来说，就是用一种可以表达的事物或行为来表达另一种忌讳的事物或容易引起焦虑的行为，其目的是为了减少或避免因梦中过度直白的表达而引起自我的痛苦、焦虑和自责感受，防止梦者从梦中惊醒，破坏了睡眠过程。

一般来说，象征有四种：

（1）遗传性象征

这种象征与某一国家或地区的文化和传统有关，比较稳定，可以世代相传。比如在中国，牛通常象征着吃苦耐劳、任劳任怨、忍辱负重；但在美国，牛是财富与力量的象征；在西班牙，牛则象征着敏感和危险。当然，有一些象征在许多国家的意思都是通用的，非常稳定，适合于几乎所有的人，比如说，水象征着财富和情感，这主要是由于在人类发展的过程中，对水曾经有过相同或类似的认识和心理体验。

（2）情境性象征

与遗传性象征不同，情景性象征是在遗传性象征的基础上，由于发生了一些特定的事件，而使得人们对某些常见的事物赋予了一些特定的意义，从而在个人的“象征词典”中修改了这类事物传统的象征意义。比如，雪在传统的文化中象征着冰冷、丰收和纯洁，但是对于一个在下雪天出车祸而失去老婆和孩子的男人来说，雪景则象征着灾难和痛苦。

（3）表达性象征

表达性象征与动作方式或行为特征的指向关系密切，即以一种动态的画面或场景来表达另一个动态的场景，其象征意义不取决于某一个静态的画面，而取决于整个动作表达的过程。这些动作方式及特征往往在生活中比较常见，人们常常不关注其本身所传达的意义，但潜意识却偏爱这些被人们忽略掉的生活性表达。比如从深坑里往外爬，可能象征着克服困难的状态；骑自行车或爬楼梯则与性活动有关。

（4）特异性象征

这种象征没有具体的指向，包括前三种象征之外的各种象征形式。比如说，狗可能象征的是一个属狗的人，而蝎子则可能象征着天蝎座的人，字母A可能象征第一，也可能象征某个血型是A型的人，等等。再比如，梦见天上掉下来了一个烧饼，可能代表生活发生的意外惊喜，因为人们常说天上掉馅饼这样的话，仅此而已。因此，我们产特异性象征并无特定规律可循，需要在释梦时随机应便，灵活解释。

在梦中，象征是一个使用频率很高的编码规则，但我们不能总是将梦境中的所有内容都逐一地用象征翻译过来。每一个人的大脑中都有属于自己的“象征词典”，照着一个通用的词典直接翻译，就相当于照搬照抄，机械而又生硬，这样的释梦，肯定难以对梦者有实质性的影响。荣格曾经反复地告诫自己的学生，“要尽可能多地学习象征，记住象征的意义，而当你分析一个梦的时候，就要把它们全部忘记”。由此，我们不难得出一个结论：梦中事物的象征意义应该主要通过与梦者深入的探讨和分析而确定。

2.置换

置换在《梦的解释》中被称为转移作用或移置，其大意是用一个事物代替另一个事物，用一个人物代替另一个人物，用一个好的东西代替另一个不好的东西，用一个不重要的意思代替另一个重要的意思，把容易引起焦虑和紧张的内容更换为容易被意识和前意识接受的内容，从而使潜意识的“阴谋”得逞，使前意识的检查制度形同虚设，使意识的压抑机制无计可施，同时还能使梦者本人高枕无忧。

一般来说，置换有三种基本形式：

（1）人物置换

即用人物A替代人物B。通常情况下，A和B之间或有相似之处，包括着装相似、相貌相似、声音相似、性格相似、做事风格相似、给人的感受相似；或者关系相近，比如兄弟关系、姐妹关系、父子关系、母女关系、朋友关系、同事关系等。

（2）事件置换

即用事件A取代B事件，相互取代的事件之间通常具备共同之处。比如，两件事都给梦者留下同样的感受，或两件事中自己的角色和身份都是一样的，或者两件事在性质上是相似的，等等。

（3）关系置换

即用A和B的关系取代C和D的关系。比如用小偷和警察的关系来取代孩子同父亲的关系。当然，也可能是A和B的关系被A和C的关系取代了。假如孩子对老师是敬畏的，那么，用这种关系取代了孩子与父亲之间的关系，以此来表达孩子和父亲之间的隔阂也是非常恰当的。关系置换是潜意识造梦时的首要选项。

这里需要重点强调的是，人物置换、事件置换和关系置换可能会同时出现在一个梦里，这样的梦分析起来就比较复杂，理清其中的关系是分析这类梦的重点。举一个例子吧。

正在上初二的小刚梦到自己被语文老师罚站，可是，梦中的老师却穿着和父亲一样的上衣，并且用父亲的腔调对自己指手画脚地批评着。小刚心里非常委屈。在现实中，语文老师是班主任，小刚很喜欢语文老师，非常尊重他，老师也对小刚非常喜欢，从来没有批评过他。现实生活中，只有父亲经常毫无理由、不讲方式方法地批评小刚，这让小刚非常苦恼，心中充满了愤怒，但又不敢发作。

显然，在这个梦中，出现了浅层的人物转换，即语文老师置换了父亲；还有深层的关系置换，即小刚与老师的关系置换了小刚与父亲的关系。小刚的潜意识之所以要用语文老师置换父亲，可能是因为，一方面，在小刚心里，自己对老师的那种敬畏就如同自己对父亲的感觉一样，尊敬而又害怕，想亲近而又始终无法亲近；另一方面，虽然自己是父亲的孩子，但却一直只能感觉到老师和学生的关系。

3.凝缩

按照弗洛伊德《梦的解释》中的观点，凝缩的本意是指将非常复杂和冗长的事件以比较简短而又粗略的梦境来表达，或者将多个人物的形象用一个特定的人物来集中表达，把多个隐性的事件进行压缩之后结合到一起，形成一个显性事件表达出来。

我从大量的释梦实践中发现，凝缩是一个非常复杂而又重要的编码规则，正是因为有了凝缩，人们会从梦所凝缩的多个意义中寻找一种有利的解释，来骗过自己，从而使自己心安理得，其实，正是由于凝缩机制的存在，所以，对一个梦可能产生多种解释也是正常现象。

比如，小李梦见自己枪杀了一个男人，这个男人长得很像电视上通缉的罪犯，但却戴着父亲的眼镜，并且穿着老板的衣服。小李不愿意面对自己对父亲压抑的攻击性，也不愿意面对与老板为敌的现实，而一味地将其解释为自己对罪犯的愤怒和不满。这样解释错了吗？没有，但是这不完整，这样的解释没有全面地揭示这个人物凝缩的内容。但这样做有一个好处，那就是可以不用去面对自己对父亲愤怒和对老板不满这两个更加令人焦虑的问题。所以，运用凝缩的原理来分析梦，就是要将高度凝缩的内容逐渐还原成其本来的面目。即使还原之后的内容纷繁复杂，那也是分析梦的重要工作内容。

说到这个地方，大家可能想：一个梦究竟有多少内容被凝缩了？解释到什么程度才能令人满意？这是一个我们在释梦中必须面对的现实问题。弗洛伊德认为，“在梦的形成过程中，必有相当多的心理资料经过了凝缩的过程”，但是“凝缩的程度是无法定量的”。“一个人永远无法确定地说他已将整个梦完完全全地解释出来。”有时候，尽管我们的解释已经看起来无可挑剔了，但是，我们仍然不能排除，依然会有一些其他的意思被梦凝缩进来，只是我们没有触碰到它。

其实，我认为，有时候真的没必要将所有被凝缩的内容都找到并解释出来，因为那样会浪费时间，又对梦者没有更多实质性的影响。尽管如此，我们仍然提倡，在释梦时，要在最大程度上将凝缩的内容解析出来，以满足梦者的内心需要。

一般来说，凝缩有四类：

（1）内容凝缩

即把复杂的隐梦浓缩成比较短的显梦。如果显梦相当于一篇学术论文的摘要，那么，隐梦就相当于这篇学术论文的全文。摘要不够具体，让人似懂非懂，只有看完全文才能真的明白文章的意图。

（2）人物凝缩

即将几个人物合并成一个人物，形成一个新的人物，或者一个人物身上同时具有好几个人身上的特点。比如，小王梦到和一个陌生人为了一点小事吵起架来，她注意到，这个人的体形像自己的老公，但发型却像自己的父亲，说话风格像自己的老板。其实，这个陌生人所承载的是老公、父亲和老板这三人的共同特点。因此，释梦的过程，就需要分析梦者与这三个角色之间的关系，并寻找其共同点，从而促使梦者顿悟。

（3）事件凝缩

即将两件或两件以上的事情通过一件事来表达。比如，梦中表达了一个事件A，结果发现事件A前半段的人物、地点都与事件B相关，后半段的感受和结果却与事件C相关，这算是最简单的梦中的事件凝缩了。

（4）关系凝缩

即将两种或两种以上的关系组合在一起。这是一种特殊的凝缩，并不多见，但偶尔会碰到。比如，一个人在梦中梦到一对奇怪的夫妻，他们交流时很像自己与妻子的对话语气，但穿着却具备父亲与母亲一贯朴素的风格，他们吵架所使用的词语很像姐姐与姐夫的风格。其实，这样的梦是多种关系的凝缩，分析起来比较复杂。面对这样的梦，初学释梦的人往往会束手无策。

4.润饰

我们在前面已经说了象征、置换、凝缩这三种梦形成的机制，它们可以算是潜意识造梦的第一道工序。由这三个机制形成的梦，算是个初稿、毛坯，还不够精致，不够细腻，需要进一步完善和润色。因此，在弗洛伊德看来，我们感知到的梦一般都还要经过一个工序的加工才能最终形成成品梦。他在《梦的解释》中将这个机制或工序称为次校正作用，或次级修正，我们通常习惯地称其为润饰。

润饰就是将初步形成的梦进行修饰，使其能够顺利地通过自我的检查和超我的监督，成为我们能够意识到的梦。如果我们把梦比作一部电影，那本我就好比导演和演员，专门负责根据剧本演电影，自我就好比审查人员。如果通过了审查，电影还要接受社会舆论和伦理道德的监督，而社会舆论和伦理道德就如同超我一样，如果后者在监督中发现电影里有一些不适宜观看的情节，电影也会遭到舆论封杀，迫使电影导演对电影重新进行剪辑，直到可以给大家观看的时候才能再次播放，正式播放的电影就如同成品梦一样。

如果梦的内容太容易引发人的焦虑，或者极其不合逻辑，润饰的机制就会起到重要的作用。经过修补、更改、润色后，梦便可以顺利地得以表达，而不会引起自我和超我的不满。

在理解润饰这个机制的时候，需要注意三个方面的问题。

一是润饰不仅仅只是做一些修修补补、删删剪剪的事情，润饰有时候所做的是谋划梦的全局。所以，润饰不仅像一个电影编剧一样设计电影的剧本，而且还像一个电影剪辑一样编排着剧情的组合顺序。正是由于有润饰这个机制，才会形成离奇而又生动的梦境。

二是润饰不像象征、置换和凝缩这三个机制一样，可以根据梦中的描述进行还原，找出它本来的面目；润饰基本上是不可逆的，我们可以分析出梦的哪一部分可能有润饰的成分，也能分析出润饰的意义何在，甚至可以解读出这种润饰方式背后的潜意识思维的规律及梦者本人的性格特点，但是我们有时候很难说清楚每一次润饰作用到底有什么样的现实依据。

三是润饰有时候需要虚构一些材料，来帮助潜意识完成梦的表达，就如同电影不一定会完全忠实于剧本一样。对于这部分内容，我们解析梦的时候，可以不用那么较真儿。这部分内容多半是梦的细节部分，无关紧要，它们的存在或许只是帮助梦完成由初稿到终稿、由半成品到成品的转换而已，如果过于计较，可能就会顾此失彼，犯了舍本逐末的低级错误。

5.缩放

缩放是我在长期释梦的实践中发现的一个新的编码规则，主要包括放大和缩小两个方面，这个规则主要用来解释一类现象，即梦者经常在梦中表达情绪情感的时候，会故意夸大梦者的情绪感体验，或者刻意缩小情绪反映的强度，以骗过自我的监督检查。具体来讲，梦者可能有一个特别强烈的情绪体验被压抑了下来，结果到了梦中之后，虽然梦者也感知到了同样性质的情绪情感体验，但却发现在强度上被严重缩小了，以至于梦者会认为两者之间没有联系，从而使得潜意识的表达获得了成功。还有另一种相反的情况，即一个非常小的情绪体验，本来是无关紧要的，但是由于梦者特别敏感，对这样的情绪体验非常在意，或者希望自己对这个情绪体验能高度重视，尽快关注和应对这种情绪，因此会在梦中将这个微小的情绪体验放大，用一种非常夸张的情境来引起梦者的关注。

在前面的内容中，我们提到过梦中情绪情感体验的重要性，强调梦中的情绪情感体验往往有现实的来源，在这里需要说明的是，虽然梦中的情绪情感体验有现实来源，但强度却不一定是完全对称的。换句话说，现实中被压抑的情绪情感体验可能会被放大或者缩小，然后在梦中通过特定的场景来表达。

举一个例子。小学三年级的学生小贝不小心把老师的杯子打碎了，老师并没有批评他，只是显示出了一脸的不高兴而已。但是，晚上小贝做梦时，却梦见一个长着老师模样的人恶狠狠地拿着长剑指向自己，威胁说要杀死自己，吓得小贝从梦中惊醒，第二天起床后连学都不敢上了。在这个梦中，梦者小贝在潜意识中放大了被压抑的情绪体验，夸张而又形象地表达了自己内心深处的感受。当父母或老师了解这个梦之后，也就了解了梦者内心的感受，也就能更好地做好孩子的心理安抚工作。

6.时空联系

时空联系也是一种特殊的、复杂的编码规则，如果说前面所讲的五个编码规则是用来编造具体梦境的，那么时空联系则是专门用来编排梦境之间或者梦境各个片段之间关系的编码规则。在这类梦境中，潜意识会把一个完整的意图拆分成多个部分，然后利用多个梦境分时间分空间进行分散表达，从而使梦者无法觉察梦的意图。这样一来，潜意识的目的就得逞了，既实现了欲望表达和信息传递，又不惊动梦者的睡眠。潜意识这样的做法，前意识和意识也不容易警觉。这就好比从事间谍工作的人员，会将一份完整的情报分成多个部分，随机发送出去，接收信息的人自然会知道如何将它们整理并还原成一份完整的情报，而负责监控和跟踪的警察和特务人员却丝毫不会察觉。

举一个例子吧。某个单位的副职杨某想当单位的正职，于是他想了许多陷害正职的计谋。当然，他还是非常担心和恐慌的，怕别人知道了他的计划，没想到这个被压抑的想法跑到梦中去了。他先在一个月的三个晚上做了三个不同的梦。

第一个梦的大意是梦到自己陪着一个领导，去一个未开发的旅游风景区游玩，不知不觉地来到了一个特别危险的景点，领导丝毫没有觉察，梦者自己心里却特别害怕。

第二个梦的大意是自己在一个领导的小车上安放了一个定时炸弹，领导似乎已经感觉到了，但为时已晚，所以只能硬忍着。梦者自己手里拿着遥控器准备随时引爆，心里洋溢着一种胜利在望的快乐。

第三个梦的大意是一个军队的将军指挥着千军万马，梦者走到将军跟前对他说：兵符在我手里，军队归我指挥。将军被迫无奈，把军队指挥权交给了梦者，梦者心里高兴极了。

这三个梦虽然看起来场景差异很大，空间完全不同，时间跨度也挺大，好像说的事情也大不相同，但将三者的意思连接起来会发现，他们表达了一个更加完整的意思。第一个梦是说虽然领导已经处在危险当中，但没有觉察；第二个梦是说领导已经处在我的掌握之中，却没做出反应；第三个梦是说将军最后臣服于自己。其实，梦中的领导和将军都指自己单位的正职，而自己分别在三个不同的晚上，做了三件看似不同的事情，表面孤立，并无关联，但是，当把三件事情联系起来理解时，我们会发现，三个梦综合起来是在表达梦者在单位处心积虑算计正职，谋求上位的心理过程。

至此，我们已经把梦形成的六个编码机制说完整了，可以称得上是“史上最完整的梦的编码机制”。这里需要强调的问题有三个：一是这些编码机制并不是在每个梦中都会同时用到，而是根据梦者表达的需要来自由决定；二是每一个梦都不会只使用一种编码机制，至少会用到两种或以上的编码机制；三是不能生硬地用编码机制来翻译梦，而是要根据梦境特点、梦者提供的信息、与梦者讨论的结果来共同确定梦是如何灵活使用编码机制的。

五、编一个梦来分析

许多人认为，学好释梦一定要多练习解释真实的梦，包括自己的梦和亲朋好友的梦。我不这样认为。在我看来，首先，应该先学会用梦的编码机制在清醒的状态下编造一个假梦来解释，这是练习释梦过程中的一个重要方法，也是一个提高释梦技术的快捷方式，同时也是熟悉自己的梦形成特点的基本途径。

在我们每一次的释梦课程中，学员们都学着自己编假梦，再欣赏假梦，然后与学员相互练习分析假梦，最后由编梦的学员去反馈自己的最初想法。学员们对于这样的训练环节兴趣浓厚，乐此不疲，原因是他们真的能从中悟到许多难以言表的东西。这种练习对打好释梦的基本功非常重要。现在，我就拿一个过去编好的梦来和大家一起探讨一下。在一次释梦学习中，学员风雨同舟编了一个梦。

梦例一：捡破烂的妈妈

梦境描述

我和妹妹一起回家，在路上，我看到一个老女人突然出现在我们前面，她穿的衣服很像我的婆婆，但身影却像我们单位的女领导。走到她跟前一看，原来是我的妈妈。妈妈正在捡一些破烂。妹妹突然冲上去制止她，还批评了她。妈妈脸色很不好看，像是犯了错误的孩子。我赶紧上去制止妹妹，让她说话客气点，为此还与妹妹之间发生了争执。后来不知怎么回事，我们就回到家里了，大家都不高兴，我心里也很难受。

梦者背景

风雨同舟，一位看起来非常干练的女性，38岁，在一家公司从事教育培训工作，性格内向，说话很有磁性。

梦的解释

其实，在现实生活中，经常批评和指责妈妈的人不是妹妹，而是“我”，妹妹和妈妈的关系非常好。此处，妹妹置换了“我”，表达的是“我”身上幼稚的一面。因为现实中，妹妹比“我”小10岁，非常直率，也很幼稚。垃圾象征着生活中的琐事，“我”常常为一些鸡毛蒜皮的小事指责妈妈。其实，结婚后，“我”也以同样的方式对待婆婆。她是个老实人，来自农村，“我”觉得我有点过分。另外，“我”也用同样的方式对待“我”的领导，他是个男的，但做起事来婆婆妈妈。所以，在梦中，“我”把他当成了一个老女人的角色。这三个人物的特点在梦中被凝缩成了一个老女人的形象。

生活中，“我”对待婆婆、妈妈、领导这三个人的方式很相似，经常让他们难堪，让他们尴尬，每次完了之后“我”又感到后悔。另外，“我”经常将工作和生活中的氛围搞得很僵，自己也感到很不舒服。“我”性格中这个特点，在梦中用妹妹来置换，意指“我”的心理年龄比较小，处事过于直接简单。

梦的最后一部分所提到的家可能象征着“我”的内心世界。这个梦编得像一个故事一样，其实，这是润饰的作用。看起来像生活中的事件一样的梦境，却暴露了“我”心中长期以来压抑的一种矛盾和冲突。至此，梦的分析就算完成了。

这是一个假梦，是学员在清醒状态下编造的梦，主要运用了象征、置换、凝缩和润饰的编码机制。虽然这是一个假梦，但它同样具备真梦的一些特点。这样的训练对学员了解梦的形成机制，以及灵活运用梦的编码机制来释梦起到了相当重要的作用。当学员知道自己运用了什么样的编码机制来编造梦时，将来面对真实的梦时，释梦就变得比较容易了。

其实，如果仔细分析，我们不难发现：假梦与真梦的确是有一些区别的。

第一，假梦看起来像一个高明的故事；真梦则会有一些蹩脚的地方，总会有一些不符合正常逻辑的地方，如总会出现奇怪的人物、离奇的场景和非正常的行为。

第二，假梦很符合意识逻辑，可以做正常的逻辑推理；真梦则是潜意识逻辑的产物，难以直接做逻辑推理。

第三，假梦由于是清醒时编的，通常都会表达得很清楚；真梦则总会有遗忘或说不清的地方，如人物的相貌、场景的特征等。

第四，假梦有点像纪录片，梦者只顾着反映真实感受，缺少创造性；真梦则多半像科幻片，不受意识的控制，可自由地表达，甚至会有许多虚构的场景，但经常会富有创造性。

六、整合的精神结构理论

关于人类的精神结构，历史上曾经有许多心理学家进行过相关的研究和探讨，并且提出一系列的理论结构模型。在这些模型中，最引人瞩目的是弗洛伊德提出的精神结构模型。前面的内容中已经有论述，这里再简单说一下。

弗洛伊德把人的精神结构分成了意识、前意识、潜意识三个层次。意识位于精神结构的上层，前意识位于精神结构的中层，潜意识位于精神结构的深层。他还用冰山来打比方，形象地描述了意识、前意识和潜意识之间的关系，认为人的精神活动，包括欲望、冲动、思维、幻想、判断、决定、情感等，会在意识、前意识和潜意识这三个不同的层次里发生。露出水面的部分就如同意识一样，它只是很小的一部分，只能在很低的程度上影响着人；隐藏在水面以下的绝大部分是潜意识，它们才是对人的行为产生重要影响的部分；由于海水潮汐运动导致冰山与水平面接触的时隐时现的部分则被称为前意识，对人的行为也会产生调节和平衡作用。

尽管弗洛伊德的观点在当时影响巨大而又深远，但仍然有人对此发出了不同的声音，这个人就是弗洛伊德的学生——荣格。荣格认为，弗洛伊德将无意识中所蕴藏的性的本能视为人的行为的动力，这不够全面和准确。根据荣格的观点，人的精神结构中，欲望和冲动只是动力的一种来源，而不是全部来源，人类的精神结构中还有一部分更为重要的内容是来自于人类的进化和遗传，这部分内容是全人类共有的，荣格称之为集体潜意识。

以集体潜意识为基础，荣格也做了个比喻，他认为，高出水面的部分代表意识，水面下由潮汐运动而显露出来的部分代表个人潜意识，而所有孤立的海岛共同的基础——那隐藏在深海之下的海床，就是集体潜意识。在这个比喻中，荣格所说的意识和弗洛伊德所说的意识没有什么差异，但是位于中层的是个体潜意识，包括弗洛伊德所说的前意识和潜意识；位于深层的是集体潜意识，它是人类进化过程中精神活动的历史遗迹，也是荣格精神结构理论中最具个人特征的内容。

后来，美国精神分析心理学家弗洛姆对弗洛伊德和荣格所提出来的意识分层理论也提出了一些异议，他认为弗洛伊德所提出来的理论与美国的社会文化关系不够密切。所以，他花费了毕生的时间和精力不断地修改、完善弗洛伊德的精神分析学说，以使之更加吻合经历两次世界大战后的西方人的精神处境，弗洛姆也因此被尊为“精神分析社会学”的奠基人之一。

弗洛姆认为，文化与政治、经济、社会和思想等各个方面是紧密地联系在一起的。如同家庭因素一样，这些因素对人的心理也会产生重要的影响和决定作用，并促使人们形成具有社会烙印的意识内容，弗洛姆将其命名为社会潜意识。简单地说，社会潜意识就是指被文化、政治、经济等社会意识所形成的规则压抑下去的那一部分意识内容，主要由社会不允许其成员所具有的那些思想和情感所组成，是个人带有社会制约性过程的产物。

根据弗洛姆的观点，每个社会都会为本社会所有成员建立共有的社会潜意识，而社会则通过社会潜意识制约着社会成员的思想和感情，执行着对社会成员的压抑，它允许符合社会需要的某些思想感情存留于意识之内，其他不符合社会需要的思想感情则统统排斥于意识之外。从这个意义上讲，个体潜意识主要是由社会潜意识决定的，社会潜意识规范和支配着个人行为方式和性格特点，个人言行举止必须适应文化和社会条件的要求。所以，社会潜意识遵循的是制约原则。如此一来，人们的精神世界就会被深深地打上社会的烙印，并最终被人格化，形成了社会性的人格。

根据我的研究，在人类的精神结构中，除了意识、前意识、个体潜意识、社会潜意识和集体潜意识外，还有一种重要的意识内容在影响人的心理和行为，我将这部分意识内容称为神识，即一种神秘的意识内容，也叫超意识，是由宗教、信仰和迷信等内容所组成，是人类社会发展过程中具有神秘色彩的精神力量，是超出人类现实控制但却一直对人的言谈举止及行为方式产生影响的重要精神内容，是人类精神世界的灵性部分。

有一些人可能会排斥神识的存在，但却无法否认人类一直在受神秘意识的影响。比如说，一些人在做坏事的时候，总会觉得老天爷、上帝、佛祖等神灵会惩罚他。生活中，人们经常说“举头三尺有神灵”“善有善报，恶有恶报”“人在做，天在看”之类的俗语，说的就是人内心深处存在的超个人和灵性的神秘意识成分。这部分虽然看不见、摸不着，但却一直在影响着我们的感受和行为。虽然，我们知道这是不科学的，是不唯物的，但每个人内心中都不可否认地存在着一些非科学的或唯心的东西，而这部分内容会一直以一种神秘的不可控的方式来影响着人们的心理活动和现实行为。所以，神识遵循的是感应原则。我认为，神识也是人类精神结构中不可或缺的一部分。

至此，我们已经完整地论述了人类精神结构的全部内容，并且我相信，它们之间是一种完整的、有机的结构体系。只不过，前辈们只顾着指出他人理论体系中的不足，并借机建立自己的理论体系。我认为，前人的贡献是伟大的，具有创造性的，这些理论体系之间其实并不相互矛盾，甚至是一个完美的、有机的统一体。

在这里，我根据他们的产生方式、作用机理、活动原则及对人的影响程度，将人类的精神结构按层次排列成以下六个层次，每一个层次都对应着一个不同等级的人格结构类型，它们各自遵循着相应的活动规则，共同影响着人类的心理和行为。

神识处在顶层，即最高层，是人的精神结构中灵性的神秘的成分，其所对应的人格结构，我们可以称其为神我。它的活动遵循感应原则，信奉宗教、迷信，有某种信仰的人常常会感应到与神我的互动关系。如果用《西游记》中的人物来比喻的话，我认为，如来佛祖及观世音菩萨等人物可以算是神我。

意识处于第二层，是人们能随意想到的、清楚觉察到的主观经验，具有逻辑性、道德性和现实性。意识所对应的人格结构是超我，它的活动遵循道德原则，这一点与弗洛伊德所说的超我基本相同。唐僧就如同超我，他总是严格按照道德标准来行事。

前意识处于第三层，其中存储着大量的过去经验或信息，平时虽不被觉知，但可由需要时再复现或提取而达到觉知的意识状况。平时我们知道但尚未感知的东西就存储在前意识里。前意识所对应的人格结构叫自我，它的活动遵循现实原则。自我就如同沙和尚一样，在面对问题的时候，总是协调各方，化解矛盾，尽量根据现实情况去解决问题。

个体潜意识处在第四层，相当于弗洛伊德所说的潜意识，由各种原始的本能与欲望组成，是生物性本能的仓库，包含了个人遗忘了的童年时期的经验以及创伤性经历、不合伦理的各种欲望和感情，是人类一切活动的重要动力源泉。其所对应的人格结构叫本我，它的活动遵循快乐原则。个体潜意识是梦的核心发源地，本我是梦的主要制造者。本我就如同猪八戒一样，贪图享乐，不思进取，总是被美食和美色所困扰。

社会潜意识处在第五层，是在被社会压抑的前提下提出来的，主要由社会不允许其成员所具有的那些思想和情感所组成，带有显明的社会制约性，是受社会和他人影响所形成的产物。它所对应的人格，我们可以称为他我，就是社会和他人眼中的我，是社会舆论、社会评价和文化习俗影响下的那一部分我，它的活动遵循制约原则。他我就像白龙马一样，它是因吃了唐僧的坐骑，在龙王和观世音菩萨的劝诫之下才去西天取经的。在众人眼中，白龙马就是专门为唐僧服务的。

集体潜意识处在最底层，它是人类进化和发展的精神结晶，是一种不能成为意识却普遍存在于人的心灵深处的精神现象，主要靠人类的进化与遗传而得来。集体潜意识的内容从来就没有出现在意识之中，只有当它受到某种条件的激发而变得活跃时，我们才会对发生在他人身上的某些东西有所感知。集体潜意识对应的人格结构叫原我，即原始的我，它的活动遵循激活原则。就像孙悟空一样，他的出世与海浪拍打岛礁有关，是被激发而来到世间的。孙悟空是智慧、英雄、正义和自由的化身，也有破坏和毁灭的影子，完美地匹配了人类原型所包含的主要内容。

弗洛伊德曾经用冰山来形容人的精神结构，荣格也曾经用海岛来形容人的精神结构，我也用一个类似的比喻来形容人的精神结构吧。我认为，人的精神结构确实像是一个置身于汪洋大海中的海岛，从海岛上山岳的顶峰到海洋深处的海床，不同高度和深度的地方会存活各类不同的动物，包括人类。海洋最深处的海床部分就如同集体意识，一些原始物种通常会聚集在那个地方，几乎不受外界的干扰，除非发生海底地震等极端地理环境事件；高度略微上升一些的地方，会显示出山的形状，其形状与地面上的山形状完全一样，只不过它们仍然隐藏在水中，这个地方的物种会丰富一些，但主要还是深海物种，平时也不会轻易浮出水面，人类的下潜活动可以到达这一领域，并对这里的物种产生一定的影响，这个区域，我们将其称为社会潜意识；高度再上升一些的地方，生物的多样性会更加丰富，物种的活跃性也会大大增强，物种的个性色彩会更加鲜明，就如同个体潜意识一样；高度再上升一些，基本就到了海平面的位置，这是海岛水下与水上的分界线，潮汐或风浪可以让海岛与水平面接近的地方时隐时现，就如同前意识一样，在海岛附近的浅水区，物种非常丰富，是人们经常活动的区域；海岛伸出地面的平缓地带就如同意识一样，随时暴露在外面，海岛上的物种，以人类为主，主要按照道德和法律等社会规则从事各种活动；当然，海岛上伸出的地面不仅有平缓的地带，还有层峦叠嶂、高耸入云的高山，山上有庙宇道观，那是高僧老道经常出没的地方，也是凡人经常悟道拜佛的地方，这部分类似于神识，是一个神秘的充满灵性的地方。如图2–4所示。

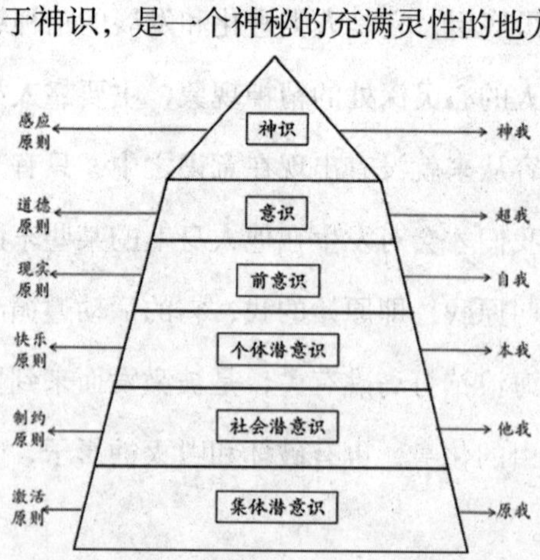

图2–4　整合的人类精神结构模型

七、梦是子人格的舞台

在心理学里，人格（英文personality）的概念起源于古希腊语persona。persona最初指古希腊戏剧演员在舞台演出时所戴的面具，与我们京剧中的脸谱类似，看到相应的面具，我们就知道台上的演员所代表的角色。比如，戴有白色的脸谱的演员代表奸人，戴有红色的脸谱的演员则代表忠臣。后来，persona直接指演员本人，一个具有身份或特殊角色的人。现代心理学沿用persona的含义，转意为人格。

人格包含了两层意思。第一层是指人在人生舞台上的言谈举止及人遵从社会文化习俗的要求而做出的反应。这是人格所具有的“外壳”，就像舞台上演员所戴的面具一样，它反映了一个人的外在表现。第二层是指一个人由于某种原因不愿展现的人格成分，即面具后的真实自我，这是人格的内在特征。每个人的人格都有内在特征和外在表现两个方面，两个部分共同组成了我们的人格系统。外在表现就相当于社会角色，与社会评价、他人期望和职业规范有关。每一个社会角色都对应着一个人格的侧面，他们常常通过言谈举止表达出来，我们将其称为外显子人格；内在特征就相当于心理活动，与自我压抑、记忆遗忘和成长经历有关，每一种心理活动都对应着一个人格的侧面，它们常常没有直接表达的机会，但却一直躲在暗处左右着人的行为举止，我们将其称为内隐子人格。外显子人格加上内隐子人格，就是人的子人格。

一般来说，外显子人格主要在社会活动中表达出来，而内隐子人格则通常在梦中表现出来。值得强调的是，内隐子人格通常会将子人格人物化，即通过一个或几个人物表现出来，每一个人物就好比一个“小我”，每个“小我”都有自己的任务和分工，多个“小我”组织在一起，就形成了一个“大我”，“大我”就是完整的子人格体系的总合，是真正的我。

在子人格体系中，通常会有一个主导的子人格，在梦中会以梦者自己的身份出现。梦中不同人物之间的互动活动，有时可能是梦者子人格之间的交流和沟通活动。梦中人物之间的冲突，或许表达的是子人格之间的冲突。子人格之间有冲突，人就会显得矛盾和痛苦，如果子人格之间能和睦相处，人就会显得内心平和，有幸福感。

虽然，我们可以用子人格的概念来解释梦中不同的人物，但并非梦中出现的所有人物都可以用子人格解释。一般来说，符合以下几个特征，可以解释为子人格：一是梦中的人物出现的比较多，一般在两个以上，并且分别体现了梦者经常表达的某一种心理行为特征；二是梦中的人物以未知的形象出现，有可能表达了梦者的内隐子人格，而梦者之前没有觉察到；三是梦中的人物所表现出来的是梦者内心压抑的行为和想法；四是梦中的人物以梦者的兄弟姐妹或同学朋友等人物来呈现，而现实中却查无此人。

在以上四种情况下，梦中的人物可以尝试着从子人格的角度来解释。举一个例子来说明吧。

梦例二：妹妹喜欢陌生男子

梦境描述

昨天晚上，我梦见我和妹妹一起在小区的院子里散步。有一个戴着墨镜的陌生男子突然走了过来，身材高大，他和我妹妹打了招呼，并把她叫到旁边，嘀嘀咕咕说了半天，我在旁边等得不耐烦了。过了很久，妹妹终于回来了，我突然注意到，她好像又成了我的堂妹的样子。她告诉我，她要和那个男子结婚。我劝她要冷静思考，怎么能和一个陌生人见了一面，只说了几句话，就要结婚，这太不靠谱了。她却让我不要管她的事。我无法说服她，又请来了表妹一起劝说她。表妹是一个比较理性的人，经过一阵劝说之后，不知怎么回事，她俩居然吵了起来。堂妹大声说非要嫁给这个陌生男人，还说那叫一见钟情。

堂妹在气势上完全压过表妹。这个时候，其实我心里也很矛盾，不知道自己的努力是否有意义，一着急，就醒了。

梦者背景

28岁，女，大学毕业，公司白领，未婚。

梦的解释

梦者在现实中并没有亲妹妹，有一个堂妹，还有一个表妹，她们三人关系都不错。堂妹是一个比较感性的人，好冲动，很敏感，易激惹，而表妹则比较理性，遇事沉稳，从不慌乱。但现实中，表妹和堂妹刚刚参加工作，还没有结婚。释梦过程中，我了解到，梦者自己正在谈恋爱。经过别人介绍，梦者认识了一个男人，觉得不错，想结婚，但心里吃不准。因为她没有深入了解这个男人，仅仅交往了几次，感觉不错，心里很满意。这个男人的单位两个月后将派他出国学习一年，所以，家人想在出国前让他们把婚结了，梦者觉得才相处三个月不到，太仓促了。但如果不结，等他出国回来，或许情况已经完全变化了。于是，自己就陷入了矛盾当中。

在这个梦中，堂妹可能代表了梦者感性的子人格，易冲动，容易感情用事，而表妹则代表自己理性的子人格，遇事好分析，多思考。表妹与堂妹的冲突，可能暗示梦者本人内心深处两种想法的矛盾和冲突。堂妹在气势上的优势可能表示梦者内心的斗争结果是：感性胜过理性。因此，此梦提示梦者，尽管自己心里顾虑重重，但自己内心还是更倾向于嫁给这样一个交往时间不长的男人。不过，由于梦者意识与潜意识之间并没有完全达成一致，所以，梦者在醒过来后，应该仍然会感觉到一些矛盾。但是，当梦者理解了这个梦之后，内心的矛盾或许会减轻或消除，甚至会找到一个确定的、满意的答案。

八、梦中象征当如此分析

我们在谈到梦的编码机制时，已经简单地说过象征这个非常重要的概念了。在这里之所以要将它单独再拿出来说，是因为在释梦中，象征非常重要，但又不容易把握，所以值得专门分析一下。

1.了解梦中象征的多样性

对象征的解释是释梦的一个重要组成部分，也是体现释梦者水平的重要环节。不过，大家也都知道，梦的象征意义并不好确定，因为每一个事物通常都会有多种不同的象征意义，究竟在什么情况下会有什么样的象征意义，这是一件非常复杂的事情。首先要做的事情就是要了解事物的不同象征意义及其缘由。

以蛇为例来说明吧。蛇是一种常见的冷血动物，许多人都会梦到蛇。蛇在梦中的象征意义非常丰富。

第一，蛇象征着自私、无情和忘恩负义。这个象征来源于《伊索寓言》里《农夫和蛇》的故事，农夫好心好意救了快要冻死的蛇，但蛇却在苏醒过来之后原形毕露，咬死了农夫。当这个故事已经家喻户晓，自私、无情和忘恩负义便成了蛇的典型象征意义。

第二，蛇还象征着阴冷、神秘、狠毒。蛇的这个象征与其自身的生活习性有关系。蛇是冷血动物，喜欢阴暗潮湿的地方，并且行踪非常诡异，攻击猎物时非常狠毒，于是，象征阴冷、神秘、狠毒也就顺理成章了。在1983年版《射雕英雄传》中，欧阳克经常随身携带着一条毒蛇，这表明这个人与蛇的性格非常相似，阴险、狠毒。作者和导演的这种充满象征意义的表达手法可谓是恰如其分。

第三，蛇还象征着聪明、智慧、狡猾。这个象征意义属于一个“舶来品”，源于《圣经》。《圣经》中说，蛇是上帝耶和华所造的万物之中最狡猾的一种，由于它的引诱才使在伊甸园中的夏娃和亚当偷食了智慧之果，从而导致他们被逐出了伊甸园。人从此有了智慧，可以分辨出善与恶，因此，蛇也就间接地象征着聪明和智慧。

第四，蛇还象征着爱情和幸福。这是因为在中国传统的爱情故事中有一个《白蛇传》的典故，被编为戏曲从而广为流传，其主人公许仙与白素贞成了夫妻和睦恩爱、患难与共的典范。所以，蛇有时也可以象征着幸福与爱情。

第五，蛇可以象征生殖器和性。其原因是由于蛇的形状与男性生殖器官相似，所以，无论是在西方国家还是在东方国家，蛇的这一象征比较稳定、普遍而又广泛地存在于人们的潜意识。

第六，蛇还象征着权力和权威。在中国的传统文化中，龙是由蛇化成蛟之后变成的，蛇也常常被称作小龙，而龙本身具有权力和权威的象征。所以，蛇也就象征着权力和权威了。

那么，蛇究竟象征着什么？我们不能生硬地照搬象征词典，需要根据梦境所传递的主旨来确定。举一个例子吧。

梦例三：我梦见了小蛇

梦境描述

我和一个高中同学在路上走，好像是要去女朋友那里，突然看见前面的路面上有一条白色的小蛇，它撑破地皮从地下爬上来。我们立刻停住，然后，我掏出腰间的剑把它斩成两半。

梦者背景

坡上好汉，28岁，男，研究生，正在谈恋爱，性格内向，为人忠厚老实。

梦的解释

这个梦是我的同学在一次生日聚会上所提供的。这个梦最引人注目的就是蛇了，当我们大脑当中有了人类的精神结构的各种模型之后，再来看梦中的小蛇时，我们就不难看出，小蛇挣破地皮的情境，形象而又逼真地描绘了一个人的欲望、冲动如何象征性地突破束缚和压抑被表达出来。而斩断蛇的剑则是一种超我的象征，是一种强大的道德力量，带有强大约束作用。白色则可能用来象征着纯洁的感情。加之，梦中，有自己，有女朋友，还有蛇，到这里，我们便可以确定梦中的这个蛇可能有性的象征。而这个梦中一开始所提到的高中同学，在梦中没有过多的角色，他应该不是别人，而是梦者的一个子人格，专门用来代表梦者年轻、单纯的一面。同时，也反映了梦者与女朋友的关系可能一直保持着高中刚认识时的感觉。

至此，梦的意图就比较清晰地呈现出来了，于是，我当着众多同学的面，大胆地猜测：梦者与女朋友恋爱多年，交往中难免有性的冲动，但是，由于他们的感情非常纯洁，从高中到研究生快毕业，已经相识约10年，关系一直非常纯洁，每每梦者有冲动时，都会自我克服，压抑欲望。

这样的解释让我的这个同学非常不好意思，当场表示了否认，说我学艺不精。不过，饭后他却单独来找我，又表示了高度的认同和赞扬，并且告诉我当着这么多人的面承认，实在是太尴尬了。

2.直接翻译梦中的典型象征

通常来讲，我是不提倡直接利用象征来解释梦的，但不可否认的是，有时候，直接利用典型象征来释梦的确是一种快速而又有效的方法。所以，当我们可以确定梦中事物的典型意义的时候，谨慎地运用典型象征直接翻译梦中的事物也是可取的。所谓典型象征，是指象征意义比较普遍，相对固定，解释起来比较容易，便于快速实现对梦的理解。典型的象征是人人熟知、变异较小的，如果直接解释，偏差也比较小。比如说，用乌云代表忧愁，用花儿代表女人，用河水代表感情，等等。

梦例四：我总是梦到狂风大作

梦境描述

昨天夜里，我梦到狂风大作，乌云密布，天就像要塌下来一样。我想找个地方逃跑，但所到之处，狂风和乌云总是紧随其后。我逃到家里，把门关起来，发现房顶不见了，狂风和乌云就吹进我的家，家里的花也被狂风摧毁了。我怎么也摆脱不了它们，好像这一切都是在专门针对我一样，然后我就从梦中惊醒了。

梦者背景

女，29岁，未婚，上市公司中层管理人员。

梦的解释

在这个梦中，乌云、狂风和花都是典型的象征。乌云象征着一种消极情绪，狂风象征着一种不可以抗拒的力量，花儿则象征着女性。如果进一步引申这三个象征，我们不难发现，乌云和狂风的出现，都会引发无助感、焦虑感、恐惧感。就是说，梦者只能消极地、被动地适应这一切，而不能采取什么有效的措施改变这一切，只能逃到家里，并且也是没有用的。由此看来，狂风和乌云不是来自于外界，而是存在于内心。

基于这两个象征意义的分析，我向梦者提出了一个问题："最近，还有什么事情也让你产生过无助感、焦虑感和恐惧感，你想逃跑，好像怎么都逃不掉？"梦者告诉我，她快30岁了，一直没有结婚，家里人为此特别着急，每天都催着她，并且发动亲朋好友来劝说她，但是她却喜欢上了一个已婚男人，所以一直迟迟不肯结婚。她一直保守着这个秘密，不想告诉任何人。随着年龄的增加，她也很着急，那个男的一直不离婚，她也一直不愿意去相亲，偶尔勉强去相亲，也只是走走过场罢了。从26岁到29岁，她最害怕的就是相亲、结婚之类的话题，她逃避了好几年，现在已经无处可逃了，相亲、结婚已经成了她的一块心病。于是就做了这样一个梦。

由梦者的理解来看，她所提供的解释完全能支撑这个梦境。所以，当梦者说完关于自己感情的这些事情之后，她自己就明白了这个梦的意义。

3.运用联想来确定特异性象征

对于典型象征，我们可以去直接解释，但是，对于那些不典型的象征，我们应该如何确定其象征意义呢？有一个简单的方法，那就是联想，联想就是由事物的本意出发而能想到其他相关意义的一种想象活动。比如说，由毛巾联想到面子，由猪联想到被动，由面具联想到职位，等等。就连弗洛伊德本人也曾经在《梦的解析》这本书中非常严肃地强调过，“我要提出警告，不可太过高估计梦象征的重要性，以致使梦的解释沦为翻译梦的象征意义，而忽略了梦者的联想”。由此可见，在释梦过程中，联想非常重要。

我在负责“阳光论坛”释梦专帖的时候，曾经有一个网友请求我帮助她分析一个梦。当时，我在释梦过程中就充分地依靠了联想来确定梦中人物的象征意义。为了能够呈现当时释梦的原过程，我特意从当时收录的帖子中摘录释梦对话的全过程，供大家学习参考。当时来找我的网友昵称叫风筝，而我当时的昵称叫抚心人，释梦对话如下。

梦例五：撬门的小男孩

释梦过程

风筝：听说你会释梦？

抚心人：正在研究，略懂一二，有梦直说。

风筝：太好了，我梦到了小孩撬门，这代表什么意思？

抚心人：你需要提供具体的梦境描述以及个人的相关情况，我的释梦方法和周公解释不一样。

风筝：那好吧，按你的要求来。前天晚上，我梦见有一个小孩爬到我家对门的防盗门上撬门。我很害怕，发现我家门上也有被人撬过的痕迹，这个时候，我很生气，于是就醒了。这是什么意思呢？

抚心人：最好把你的情况介绍一下，这样释梦更有针对性。

风筝：我是一位26岁的女孩子，是你的同学，但我不想告诉你我是谁，这样我会感觉更好一些，目前，我正在谈恋爱。

抚心人：很好。梦中的这个小孩能让你联想到谁呢？

风筝：嗯……想不到谁呀。我不认识这个小男孩。

抚心人：再想想，他长得像谁？或者他有谁身上的特征。

风筝：你这么一问，我想起来了，这个小男孩的脸以及发型很像我的男朋友。不过，我男朋友都快30了，所以，我想，小男孩也不可能是他。

抚心人：其实，这小男孩可能就是你的男朋友。或许，在你的心目中，他就是幼稚得像一个小男孩，所以，在梦中，他就以小男孩的形象出现了，来代替男友不成熟的那一部分。

风筝：你分析得有道理，他平时就像一个小孩子一样，考虑问题很幼稚，想一出是一出，让人难以理解。

抚心人：可是，他为什么会爬到你家对门的防盗门上去撬门？还有，为何你家的门上也有撬过的痕迹？那么，撬门会让你联想到什么呢？我脑子里一下就冒出三个问题，你无论从哪个开始回答都可以。

风筝：我觉得我们谈恋爱的过程，就像是撬门一样。刚开始，他追我，我不同意，因为他和我们宿舍的另一个女生关系不错，算是在谈恋爱吧。可是后来他却开始追求我，我觉得不好意思，一直不同意。但后来，他攻势很猛，我坚持不下去了，于是就同意了。感觉就像是他一直在撬我的心门。而现在，我们已经谈了一年多了，我也渐渐地同意做他的女朋友。可是，他突然又开始喜欢上我们对面宿舍的一个女生，天天背着我给人家偷偷地打水、买东西、送礼物，就像当初追求我一样。于是，我非常担心他不喜欢我了，开始喜欢上别人了。现在，他给我的感觉就像是又去撬对门那女孩的心门。一想到这儿，我就很生气，我觉得，他简直太幼稚了，太可笑了，太花心了。可是，这一切，我又无力去阻止，大吵了几次之后，也没有什么结果。

抚心人：你已经说出了这个梦要真正表达的意思。你觉得呢？

风筝：是的，我刚才说的过程中，也有这样的感觉。原来释梦是这样的！真有意思！

抚心人：是你自己解释了自己的梦。

风筝：不是，没有你的引导，我是不会理解梦的。你真行！好好研究梦吧。我以后有梦，再找你，行不？

抚心人：可以，谢谢你对我的信任，再见。

风筝：再见。

第三章

释梦的“章”与“法”

释梦，不仅是一门科学，也是一项技术，但它更像是一种艺术。

——王逸

我记得非常清楚，经过我们师兄弟几人的共同努力，到2007年底，“阳光论坛”的《生活八卦》栏目的释梦专帖正式升格为《痴人说梦》专栏。每天有很多人把他们的梦发到网上，我每次进入论坛都有很多梦可以去解释。在这些日子里，我常常忙于释梦而废寝忘食，当然，也有个别梦解释得不够准确或不能令人信服。于是，我便会认真总结，再去查找各种杂志和相关书籍，和师兄弟及导师探讨。直到后来，我总结了一套行之有效的“章法”，大大降低了释梦出错的概率，并且，我将这种方法广泛地应用于各种不同人群的梦境，发现果然能够见到奇效。

一、牢记释梦的三条潜规则

提到潜规则这个词，可谓是众人皆知。所谓潜规则，是指没有明文规定的、上不了台面的那种规则。尽管潜规则上不了台面，没有明文规则，但它经常会行之有效，能够解决问题。其实，每个行业或领域都有自己的潜规则，释梦也有自己的潜规则，熟练地使用这几条潜规则，可以让你的释梦变得更快、更稳、更准确。

1.模糊即是清晰

梦的表达有一个非常重要的特点，即模糊，也可以说模棱两可，或者说捉摸不定。就是说，梦者在表达梦的时候，常常会使用一些诸如好像、似乎、可能、有点像之类的似是而非的词汇来描述梦中的人物和场景。这些词汇时不时会干扰我们对梦的理解，影响我们对梦的判断。如果一个梦被梦者用许多模糊的词语来表述的时候，释梦师的大脑在获取到这些模糊的信息后，对梦的判断会因为这些模糊的表述而陷入迷茫状态。那么，这些模糊的词语是怎么来的呢？答案很简单，这是潜意识的杰作，是潜意识阻止梦者理解梦的一种惯用手段。使用模糊的词汇来表达潜意识的意图，可以有效地干扰梦者清醒状态下思维的连贯性和准确性，进而降低意识判断的效果，这便是潜意识的诡计。

从我长期释梦的经验来看，这些模糊的词汇，我们完全可以将其理解为清晰准确的词语，我常将这一过程称为去模糊化。通常来讲，描述梦境时，人们经常使用的词有“好像”“似乎”“可能是”“有点像”“大概”“感觉是”，等等。我们在理解的时候，完全可以将它们直接理解为“就是”“一定”“必然”“真的是”“其实就是”等这样的意思。当这些模糊的词语被变成清晰的词语之后，我们的思维便不再受其干扰，对梦的理解的准确性和肯定性也必然会大大提高。

举一个例子吧，有一个22岁的女大学生做了这样一个梦：有一天晚上，我梦见和一个女孩一起回家，她看起来长得似乎像我，我们在路上边走边吵架，我好像不太理她，而她却喊个没完，有点儿像是在批评我，让我感觉奇怪的是，她所说的内容，感觉有点儿像平时我自责时所说的话。

如果我们考虑到这些模糊的词语“似乎”“有点儿像”“好像”所表达的意思，这个梦就会显得比较模糊，需要做多种猜测与提问才会大概确定梦的内容。而应用本条潜规则，我们可以直接将梦中的这几个模糊的词语变为清晰准确的表述，或者直接去掉后理解，这样一来，梦境所表达的意思就会容易理解很多。当然，使用这个潜规则，并不会影响我们对梦的本意的理解。

至此，我们可以将这个梦大致理解为：这个女大学生在内心深处由于某种原因，深深地陷入到矛盾和自责当中，但是女孩却在内心深处压抑了这一切，于是在梦中反映了这一现状。如果我们还要继续将这个梦深入地分析下去，需要关注一个问题：现实中到底发生了什么，让梦者陷入了矛盾和自责当中？搞清了这个问题，梦所传递的真实意图也就清楚了。

2.变化亦为统一

在许多人的梦中，都会有多个人物出现，而且每一个人物在梦中都被赋予了不同的角色。这样一来，梦的分析就变得非常复杂了，分析人物关系及活动特点会消耗释梦师很多精力。

其实，这些只是潜意识的伎俩而已。梦里的人物虽然多变，但一定是有规律可循的。通常情况下，做梦时，由于监督检查机制的存在，梦者本人会在梦中部分参与梦的表达，或者干脆不参与梦的表达，而是从记忆中寻找代理人来表达。

那么，什么样的人会成为潜意识所寻找的代理人呢？一般来说，代理人与梦者之间存在某种潜在的联系，代理人才有可能被选中，进而与梦者相互置换。比如说，相貌、行为有相似之处，衣着和兴趣有共同特征，性格气质和生活经历比较接近，等等。值得注意的是，如果置换仅仅发生一次，比较容易理解，当梦中的人物发生接力式置换时，梦者和释梦师就会变得非常迷惑了。这样一来，梦的表达就更加隐蔽和安全了。其实，当我们发现梦中的人物变换频繁时，可能他们只是一个人而已，或者只是一个人的不同子人格在相互切换、轮流表演而已。

记得在多年前的一次释梦课堂上，有一个26岁的未婚女孩讲述了一个奇怪的梦，梦境大致如下：

我梦见要和妹妹一起去一个地方，好像就我们两个人，我担心她一个人害怕，于是就显示出一种男人的派头，装成很强大的样子，妹妹好像顿时就有了安全感，愿意主动靠近我。走了一会儿，妹妹说先回家换身衣服，于是，我在家门口等候。等了好久也不见她出来，于是就悄悄地爬到窗口看，发现一个黑衣女子，独自站在墙角，好像在哭泣，肩膀一抽一抽的，感觉很伤心的样子。我大吃一惊，看到她快要回头的时候，我赶紧站在远处等着。这个时候，出来的人却是一个女乞丐，穿着破烂衣服，而且还冲着我笑。我吓了一跳，说："你怎么变成这样了？"她说："我本来就是这样子的人！"我无法接受眼前的现实，也不愿意和她一起走，内心非常矛盾，非常着急，然后就醒了。

在这个梦中的几个人物非常值得分析："装得很强大的梦者""愿意靠近我的妹妹""伤心哭泣的黑衣女子""冲着我笑的乞丐"。看起来，这些人物之间没什么直接的关联，但如果仔细分析，我们会发现，她们都与妹妹的出没行踪有关联。因此，我们可以初步判断，这些不断变化的人其实就是一个人，只不过可能代表了梦者不同性格特征或性格侧面。

据梦者反映，现实中，她并没有妹妹，是个独生女。因此，梦中的"愿意靠近我的妹妹"可以被理解为梦者的子人格，换句话说，妹妹代表梦者自己身上弱小的性格特征。可是，那个"伤心哭泣的黑衣女子""冲着我笑的乞丐"又怎么理解呢？当我让梦者就"伤心哭泣的黑衣女子"进行联想的时候，她告诉我："她常常在下班回家后感到难受、抑郁，甚至会哭泣。"当我问及"冲着我笑的乞丐"的来源时她告诉我，自己干工程方面的工作，单位领导安排自己的工作是向甲方讨账，常常需要在别人面前装出一副可怜和为难的样子，有时自己感觉确实有点儿乞丐相。虽然自己不愿意这样做，但也没有办法，每天都得鼓起精神，强装笑脸，继续求人给钱，一天从早到晚都是对别人笑，晚上回到家里，却需要一个人面对内心的脆弱、疲惫和忧郁，现在变得都不喜欢自己，甚至也不接受自己了。

至此，这个梦算是真相大白了：梦中的自己算是梦者的主导人格，而妹妹是一个弱小的子人格，黑衣女人则是一个忧伤的子人格，乞丐是在梦者职业经历影响下形成的新的子人格。他们不断变换，准确地折射出梦者人格当中几个重要的子人格，了解了这些子人格，也就更加全面地了解了自己。

作为一个释梦师，如果碰到这样的梦境，便可以借此机会对梦进行更为深入的梦境治疗。方法是导入梦境后，制造一个特定的场景，将梦中的几个人物邀请到一起，通过活动或对话在想象中象征性地调和这几个人物之间的关系。如果这些人物最终能和谐相处，那么，梦者在现实中就会感觉更加和谐快乐、安全幸福。

3.现实定有对应

释梦最怕是空对空，不能与现实结合起来，无法验证正确与否。一旦从梦中能够找到与现实的对应关系，也就找到了梦的现实来源，梦的分析就变得比较容易了。

那么，现实与梦境究竟有哪些确定的对应关系呢？一般来说，可能存在三种对应关系。

第一种是情绪情感体验与现实的对应关系。梦中的情绪情感体验往往与现实关系非常密切，梦的编码机制对情绪情感体验通常不能直接按照潜意识的编码规则进行加工，所以，体验就被完整地保留下来了，并且与现实几乎完全对应起来。换句话说，梦中的情绪情感体验一般都能在现实找到对应关系。

第二种是人物角色与现实的对应关系。梦中的人物角色是被加工的主要对象之一，也是释梦的难点和要点，同时也是释梦的关键突破口。一般来说，涉及多个人物的梦，总有一些人物会与现实中的人物是对应的，这些被潜意识选中的人物通常会承担相应的角色，并被赋予一定的任务。如果能找到其中的对应关系，也就找到了解开梦的钥匙。

第三种是时间与现实的对应关系。从大量的梦例来看，梦的出现总基于过去的记忆，即便是表达愿望的梦，表面上是指向当前或未来，但实际上也是建立在过去所发生事情的基础之上。所以，梦的分析与解释应该主要从过去的记忆中寻找对应关系，哪怕刚刚发生的“过去”也不能轻易放过。比如说，梦者在梦中感受到了压抑和焦虑，那么，释梦师首先应该询问刚刚过去的生活中能带来这种感受的相关事件，而不是从未来预期中寻找。

二、把握释梦的四条基本原则

释梦是一项实践性很强的技术，同时也是一种充满神秘色彩的艺术，常常需要释梦师站在一个客观的立场上，以一种旁观者的姿态帮助梦者理清梦的形成过程和表达意图，促成梦者的最终领悟。

在长期的释梦实践中，我总结了四条基本原则，对快速而又准确地释梦具有重要的现实意义，同时也是体现释梦艺术性的重要保证。

1.差异性原则

差异性原则，也叫因人而异原则。现实生活中，不同的人们所做的梦存在相同或相似的现象时有发生，但是，那并不意味着其解释也就相同或相似。世界没有完全相同解释的两个梦，就如同世界上没有完全相同的两片树叶一样。即使梦境完全相同，其解释也可能会大相径庭。什么样的人做梦，远比做什么样的梦更重要。比如，同样是梦到一棵大树，其象征意义在不同梦者的梦中，意义可能差异很大。小孩子梦到大树，可以象征着渴望保护；年轻人梦到大树，可能会有性的指向；老年人梦到大树，则可能与渴望生命能够延续有关。不同性别的人，不同性格的人，不同生活经历的人，他们可能对同一种梦境或同一种事物赋予不同的意思，一刀切的解释必然是不可靠的，甚至是危险的，这也是《周公解梦》缺乏科学性的根本原因。差异性原则非常重要，这是科学释梦的根本保障。

2.人本性原则

人本性原则，也叫以人为本原则。简单地说，在释梦过程中，我们要体现人本的特点，尊重梦者的个人感受，尊重梦者的自主理解，尊重梦者的客观实际，加强引导，注重沟通，善于提问，巧妙解释，尽可能让梦者依靠个人的力量来理解梦境。不要随意强加任何解释给梦者，不以野蛮解释和权威分析来迫使梦者接受。

有的释梦师在工作的时候，一听完梦者说的梦，就会直接给出一个貌似合理的解释和一堆缺乏互动的主观分析。这种做法是非常不值得提倡的，这样的释梦方式抹杀了梦者个体的差异，忽略了梦者的个人感受，显然违背了释梦中的人本性原则，是不利于梦者顿悟的，同时也不能调动起梦者的积极性和创造性。

3.启发性原则

启发性原则，也叫问字当先原则。听完梦者陈述梦之后，普通的释梦师一般会思考，这个梦境到底在表达什么样的意思，怎么样才能给出一个合理的解释。而高明的释梦师则会思考，应该从何处开始提问才能打开突破口，提什么样的问题能够让梦者的积极性被调动起来，如何通过精妙而又得当的提问引导梦者理解梦的意思。两者的区别就在于，前者着眼于提供一个解释，后者则考虑如何提出一个得当的问题；前者倾向于替梦者思考梦的意思，而后者则倾向于启发梦者理解梦的意思；前者过于积极的思考状态无形中剥夺了梦者的思考积极性，而后者谨慎好奇的姿态不知不觉地将梦者推到理解梦的最前端，维护并鼓励了梦者理解梦的主动性和创造性。

到底哪一种做法更加可取呢？答案是两种方式都会在释梦中被用到，但是，后者更值得学习。原因就在于梦是由梦者本人做的，只有梦者最清楚梦的意思。只不过，由于某种原因，梦者暂时失去了理解梦的能力，或者说梦者在理解梦的过程中存在着盲区。释梦师要做的事情不是直接替梦者理解梦，然后给梦者一个解释，而应该引导梦者越过盲区，看清梦的本来面目，进而理解梦的意思。直接给予解释的做法不是绝对不行，而是要慎重。当梦者实在不能领悟，并且我们对梦者也比较了解的情况下，给出一个合理的解释也不失为一个策略。只不过这是一个下下策，因为这种做法是一种冒险，出错的概率很大。

4.适度性原则

适度性原则，也叫适可而止原则。很多人都认为，释梦是一项技术，但我一直认为，释梦更是一种艺术。对梦的解释的时机及解释的深度非常能体现释梦师释梦的艺术性。解释得太浅，会损失一些重要信息，使得领悟的效果会受到影响；解释得太深，释梦师容易陷入到个人投射的困境当中。

那么，该如何来把握这个度呢？一般来说，把握好适度性原则需要注意“三多三少”。一是多提问，少猜测。也就是说：在释梦中，要多通过提问来让梦者先感知到更多的信息，再去理解梦的意思，避免就梦论梦，不及其余。二是多引导，少解释。就是说，在释梦中，要多通过引导梦者理解现实与梦之间的转换关系、关联方式及梦中典型事物的象征意义、人物置换和凝缩的关系等，从而达到顿悟的目的，尽可能少地强加自己的理解给梦者。三是多联想，少分析。意思是说多尊重梦者由梦境所联想到的内容，这些内容多半与梦者存在着某种关联。释梦在一定程度上来讲，就是要引导梦者发现这些潜在的关联，尽可能少做野蛮分析、强行解释，那样会影响梦者对梦的理解。

这四条释梦的基本原则在释梦过程中，可以从大的框架上规范我们的释梦活动，指导释梦过程，确保释梦不偏离精神分析的方向，不误入迷信和灵性范畴。

现在，我基本上从理论上说清楚了四条基本原则，读者朋友们读了这么多理论，也一定会觉得脑子有点胀了。下面，我们来说两个梦例，帮助大家理解这四条原则在释梦中应该如何应用。之所以要一次讲两个梦例，是因为这两个梦源自于同一个诱因，由同一件事情引起，却反映了两个梦者两种不同的心态和性格特征。

这件事情发生在我读研二的第二学期，我记得很清楚，一天早晨，我刚起床，正在刷牙的时候，隔壁宿舍的老牛过来找我，让我解释一个梦。老牛28岁，大我3岁，已经结婚了，性格比较内向，为人忠厚老实，心地善良，平易近人。下面，我以对话的形式来还原当时的释梦全过程。

梦例一：我偷着喝了老唐的水

老牛：很奇怪，我很少做梦的，昨天晚上，有一个梦特别奇怪，让我百思不得其解。

抚心人：呵呵，有梦就别放过，说说看。

老牛：昨晚，我梦见自己去对面宿舍老唐那里玩，看见他正在看书，旁边放着一杯水，我趁他不注意，把那杯水喝了。他回过头来看着我，我感觉尴尬，同时也感觉很奇怪，于是就醒了。

抚心人：这真是一个很有趣的梦呀，你怎么会想到喝他的水呢？喝别人的水对你来说意味着什么？

老牛：我也不知道，或许是口渴了，所以发现水就喝了。

抚心人：还有没有其他的可能呢？

老牛：不知道，会不会和什么事情有关呢？

抚心人：你感觉会和什么事情有关呢？

老牛：我也不知道。不过，在做这个梦的前一天下午，还真的发生了一件事情，但不知道和这个梦之间有什么关系。

抚心人：说说看，或许会有关联。

老牛：前天下午，下雨了，我们班七八个人都在小刘宿舍里闲聊，你当时好像说是和师兄弟们一起讨论问题，所以不在场。我们几个一起闲得无聊，小刘拿出一份《中国青年报》，刚好上面有《百科知识竞赛》的题目，共100道。小刘随意地问几道，大家对此很感兴趣，于是就七嘴八舌答了起来，老唐也作了回答，翻看答案之后，居然只有他是对的。于是小刘不服气地又问几道，这次的结果又是一样的。后来，更让大家吃惊的是，无论是古代的、现代的、国外的、国内的，老唐大多可以回答正确，还能说出为什么，甚至还能说出其他答案错的原因。而其他人也有回答对的，但多半凭感觉。相比较而言，我就显得太没文化了，以前总认为自己还不错，可是这次让我太尴尬了。100道题目，我只答对了38道，其他人也差不了多少。而老唐居然可以答对88道。最后，大家送了他一个“小百科全书”的绰号。当时我就在想，如果我也能拥有这样丰富的知识，那该多好呀。

抚心人：呵呵，原来如此。现在你应该明白这个梦的意思了吧？

老牛：当我在说最后几句话的时候，我突然明白了。

抚心人：明白什么了？说说看。

老牛：可能是我妒忌他了，于是就喝了他的水。因为，“仁者乐山，智者乐水”。呵呵……

抚心人：说得太好了。真的是“仁者乐山，智者乐水”呀，你可真够委婉的。你怎么会想到这句话呢？

老牛：那天下午的问题当中，有一道这样的问题，问“仁者乐山，智者乐水”的意思是下面的哪一种，我当时选的解释是“仁人志士喜欢选择有山的地方居住，智慧的人喜欢在有水的地方居住”。而老唐却说我错了，他的解释是“这句话出自孔子的《论语·雍也篇》，智者之乐，就像流水一样，阅尽世间万物，悠然、淡泊。仁者之乐，就像大山一样，岿然矗立，崇高、安宁”。

抚心人：原来如此！

老牛：谢谢你。这个梦比那些题目更难，你更厉害。

抚心人：呵呵，是你自己理解的。我只是一个旁观者，只是问了几个问题而已。

老牛：是你引导得好，问到点子上了。

抚心人：呵呵，行吧，那我就不谦虚了。

就在我们俩都沉浸在刚才释梦的快乐之中的时候，同学小李进来了。小李，24岁，未婚，性格外向、豪放、心计多、妒忌心强、比较自私。一进门，他就神秘地对我说：“我有一个可怕的梦，给解一下吧。”但他看看身边有人，又说了一句“我得单独和你谈谈”。于是，旁边的同学就笑着走开了。

梦例二：老唐的头摔破了

抚心人：说说你的梦吧，现在就剩下我们两个了。

小李：昨天晚上，我梦见老唐和好几个同学来我们宿舍聊天，有人问了一个问题，大家都回答不上来，我就说了一个自认为正确的答案。结果老唐纠正了一下，说我说错了，并且说出了正确的答案和理由，然后大笑，扬长而去。结果他在下楼梯时，一不小心，摔在楼梯上，头摔破了，脑浆流了出来。我赶紧走过去准备扶他，可是，我却先偷偷地尝了一口流在外面的脑浆，然后才把他扶起来，老唐说没事。我说要送他去医院，于是，几个同学一起过来把他抬到了学校门口。可是，半天没有出租车，过了很长时间后，终于拦住了一辆车，然后送到医院了。这时又发现医院里没有医生，找了半天，最后终于找到了医生。老唐对医生说，绑个纱布就可以了。我说，要住院，得把脑浆全部换了才行。这时，只见老唐狠狠地看了我一眼，当时我感觉很害怕，于是就醒了。

抚心人：果然是一个令人毛骨悚然的梦。你怎么看这个梦？

小李：你也知道，释梦的书，我也看过一点，大概明白一些，估计与昨天下午发生的事情有关，现在咱们班的人都知道这件事，相信你也知道了，我就不多说了。只是，我有两个问题不明白：一是为什么会做这个梦？二是这个梦说明了什么问题？

抚心人：这件事，我确实也听说了。不过，在回答你这两个问题之前，我还是想听你说说你对这件事情的切身感受。

小李：当时，大家可能都有同感，就是都很羡慕老唐的丰富知识，甚至是眼红、妒忌，我也不例外。但是，这为什么会跑到梦中去呢？我当场就表达了对他的佩服和羡慕，按理说不应该再进入梦境了。

抚心人：你是当场表达了自己的佩服和羡慕，可是，妒忌却没有被表达，于是就被压抑下来了，所以就有了这个梦。大家都可能妒忌他，想拥有像老唐一样的知识，但大家表达感受的方法不一样，或许有些人会在梦中通过拿他的书、喝他的水来表达对老唐知识的羡慕，而你则是通过尝他头里面流出来的脑浆，然后让他无法顺利就医，甚至还要让他把脑浆换了等方式来表达压抑的妒忌。换句话说，你自己没有得到，他也不能正常拥有。你的潜意识的手法太直接了。这就是这个梦想要说明的东西。或许这种梦很能折射出你性格中的一些特点，你说呢？

小李：呃……原来如此，谢谢你，你又让我对自己的认识深了一层。对了，这事情你一定要替我保密，千万不要告诉老唐，也不要跟其他人说。如果他们知道了，那会是一件非常尴尬的事情。

抚心人：放心吧，我会替你守口如瓶的。

有了之前老牛的梦境做铺垫，小李这个梦的分析就容易了许多。在分析过程中，我并没有直接就梦中的内容进行象征分析和意义解释，而是尊重梦者，以梦者为本，从其梦中的感受和体验着手，启发梦者的思维，调动梦者的积极性，重点对梦中的难点、要点和疑点进行适度的提问和引导，给梦者留下更加广阔的思维空间，最终促成梦者对梦的理解和顿悟。

从以上梦的分析过程中，我们清楚地看到，老牛和小李两个人的梦源于同一事件，但梦境却千差万别。这充分说明，梦者的个体差异决定了梦境内容的不同，也说明不同的梦者会选择不同的方式和意象来加工被压抑的同一件事情；同时，从另一个方面也说明，在释梦过程中，要重视结合梦者个人的具体情况来分析解释，否则，必然会错过重要的信息，发生严重的偏误。一句话，释梦的这四个基本原则不容忽视，必须牢记。

三、警惕释梦的五大误区

在我国，一直以来都缺乏对梦的相关知识进行系统完整的科学研究和普及，从而导致人们对梦的理解始终存在这样那样的误区，甚至有些人完全被各种错误的言论所误导，从而给生活带来许多困惑和消极的影响。尤其是那些长期受《周公解梦》《解梦大全》等书籍和各种解梦电子查寻软件影响的人们，更是被迷信和伪科学的东西严重误导，不知不觉地步入各种各样的误区。

1.符号释梦

这种观点认为，梦就是一种神秘的带有预言色彩的符号，翻译这种符号可以破译梦对未来的预言。弗洛伊德在《梦的解释》中批驳符号释梦时就曾指出："符号释梦是将整个梦作为一个整体来看，并尝试以另一种内容来取代它，此法从某些方面看来，就是利用了'相似'的原则，而且有时相当高明。但这种方法在处理那些看上去极不合理、极其荒谬的梦时，显得非常蹩脚。"与此同时，他还特意用《圣经》上约瑟解释"法老之梦"的例子来说明符号释梦的问题所在。法老的梦是这样的："先出现七头健硕的牛，继之有七头瘦弱的牛出现，它们把前七头健硕的牛吞噬掉。"约瑟按照符号释梦的理论，将这个梦解释为"这将暗示着埃及将有七个饥荒的年头，并且预言这七年会将以前丰收的七年所盈余的一律耗光"。这样的解释多半与释梦者发达的头脑和丰富的想象力有关系，属于文学家们创造的解释，看起来梦与解释之间存在着某种偶然的"相似"。其实，这完全是内容与形式的主观臆测，毫无根据，是释梦的第一大误区。

2.就梦论梦

就梦论梦是释梦中最常见的一种误区，这种释梦的方法通常会将释梦的思维停留在梦的字面意思上，而不深入地探讨梦的隐藏动机。看起来，就梦论梦也是在探讨梦，并且能寻找到梦中的情境与现实中所发生事情的对应关系，但这只是最简单地分析思路，基本上无法触及到梦的深层隐意，如果释梦仅限于就梦论梦的层次，那一定会错过很多的重要信息。就拿下面这个梦例来说明吧。

有一位40左右的女士，梦到自己坐出租车回家，刚一下车，就感觉身后有一个黑影在跟踪她，她非常紧张。那个黑影寸步不离，但当她突然回头时，黑影却不见踪影。

这样的梦境经常出现。她曾经与某释梦师探讨这个问题，释梦师询问梦者是否有过被人跟踪的经历、是否会有人报复自己、被跟踪的时间地点及跟踪者的具体情况，甚至还帮助梦者提供了一些应对现实中碰到跟踪时应该采取的措施。但这不能消除梦者内心的顾虑，而且这个梦境依然反复出现。显然，就梦论梦式的讨论梦境并不能对梦者产生触动。

后来，我听了这个梦之后，依据出租车可以象征暂时性的情感这一可能的象征意义，重点询问了梦者是否有过短暂的婚外感情经历，此时，梦者才恍然大悟。原来，梦者在出差时，与一位同事发生过婚外性关系，尽管爱人全然不知，但她内心依然非常自责和内疚。在梦中，车通常象征着个人的感情空间，出租车则象征着一段短暂的感情经历，那个黑衣人不是别人，而是超我，是一个良心和道德的化身。黑影寸步不离形象地说明了梦者内心的自责与内疚久久不能消除。当梦者理解了这个原因之后，这个梦境从此消失，再也没有出现过。

3.解释唯一

对于同一个梦的分析，不同的人常常会有不同的解释，这并不奇怪，是一种正常的现象。有时候，即使这些解释之间差异很大，甚至是矛盾的，也不能就此否定一个解释，而肯定另一个解释。解释是否合理，关键取决于梦者对梦的理解。没有最好的解释，只有合适的解释，合适的就是正确的，梦者认同的解释就是合适的解释。

如果单从解释学的角度来讲，我不支持解释唯一的论断，我赞成从不同角度、不同层次、不同释梦流派共同审视一个梦。这样一来，一个梦境就有了许多不同的解释，梦者也就可以全方位地认识自己的梦了，进而也会由此更加深入全面地了解自己。

长期以来，人们常常会用对与错来判断释梦的效果，于是不知不觉地就陷入到解释唯一的误区中去了。其实，我们对梦的理解只有深浅之分，没有错对之别。此外，弗洛伊德在《梦的解释》中讲到凝缩这一梦的形成机制时也认为，"一个人永远无法准确地说出他已将整个梦完完全全地解释出来。尽管所有解释已经到毫无瑕疵、令人满意的地步，但他仍然可能再由这同一个梦里找出另一个意义来"。

4.以己度人

初学释梦的人，最容易犯的错误就是根据自己对自己梦的分析结论来推测他人同类梦境的意思。他们认为，我的梦是这个意思，你的梦肯定也差不多就是这个意思了，原因是梦境相同或接近，意思肯定差不到哪里去。

这种认识基本上都是受到了《周公解梦》的思维方式的影响。当年，《周公解梦》就是从大量的梦境中总结、提炼、归纳，寻找规律性，最终产生了中国第一本解梦的专著。我们后来人只要做了梦，就会查《周公解梦》，并且还会完全相信这些解释。其实我们知道，《周公解梦》有其有价值的地方，但也有值得商榷之处，不能一概而论，不能盲目相信。我们会在第四章专门来探讨《周公解梦》。在这里，我只想强调，仅仅依靠自己对自己的梦的理解来推测他人的梦的意思，是一种很危险的释梦误区，作为初学者，一定要避免陷入其中。

5.梦者不知

梦者和释梦师，到底谁才是真正了解梦的意思的人？这是一个非常重要的问题，是释梦之前，必须搞清楚的一个问题。通常，大家会认为，梦者不理解梦才会找释梦师，认为释梦师一定懂得梦的意思。而实际上，梦是梦者做的，梦者一定知道梦的意思，只不过由于某种原因，使梦者暂时失去了理解梦的能力。古诗“不识庐山真面目，只缘身在此山中”和俗语“旁观者清，当局者迷”说的就是这个意思。做梦的人往往不容易觉察自己梦的真实意图，于是才需要释梦师的帮助，释梦师要做的只是通过释梦的原理、方法、技巧帮助梦者恢复理解梦的能力，最终解释梦的人是梦者本人，而不是释梦师。优秀的释梦师常常会扮演一个旁观者的角色，保持足够的好奇心和注意力，帮助梦者审视梦的难点和“盲区”，陪伴梦者走出梦境这个迷宫。

因此，作为释梦师，我们在释梦的时候，有义务也有必要提醒或暗示梦者，他才是梦的主人和理解梦的主角，目的就是为了最大限度地激发梦者理解梦的积极性，寻找梦最佳的解释角度和最恰当的解释深度。

四、明确释梦的六条铁律

释梦是一件非常复杂的系统工程，需要释梦师具有扎实的理论功底和娴熟的基本技能，除此之外，释梦师还必须明确释梦的重要规则。在这里，暂且将其称之为释梦的六条铁律。

1.个人信息先了解

《周公解梦》最大的缺陷就在于，过于重视梦是什么样的梦，而忽视了什么样的人做了这样的梦。即使关注梦者，也只是关注一下梦者的性别和年龄层次，仅此而已。在现代科学释梦的理论体系当中，这种做法显然是不可取的。在讲差异性原则的时候提到过，一个什么样的人做梦，远比一个人做了什么样的梦更重要。从这个角度来讲，在释梦之前，了解梦者的相关信息就显得非常重要。这些信息通常包括梦者的性别、年龄、职业、学历、民族、宗教信仰、家庭状况、工作情况、学习情况以及近期生活中的重大事件，甚至还要问及是否接受心理咨询或接受个人分析等信息，这些信息往往或多或少都会与近期的梦境之间有联系。掌握这些信息，有助于我们在大脑中形成对梦的整体定位，确定梦的心理坐标，进而快速理解和分析梦的深层意图。

2.情绪感受最真实

前面我们已经谈过，在梦中，梦者的情绪情感体验是最真实的，它几乎不受潜意识编码机制的加工而被直接保留下来，并且保持着与现实体验的对应关系。正是由于梦中的情绪感受最容易与现实体验对应起来，所以，在释梦中，我们常常会以情绪作为突破口，顺着情绪的线索寻找潜意识中压抑或遗忘的事件。当然，也有梦者报告在梦中有强烈的情绪体验，可是在现实中却没有明显的情绪可以对应。这种现象确实时有发生，不过，那并不是说这一条铁律失效了，而是由于潜抑、隔离等自我防御机制在起作用，这部分情绪被深深地隐藏起来了，或者这种情绪体验被遗忘在潜意识的某个黑暗的角落里，从而使得我们无法感知或觉察这种情绪。对于这样的梦境，倘若释梦师可以帮助梦者找到被压抑或被遗忘的情绪，那么，这无异于一次深刻的精神分析，必然会促成梦者的领悟。

举一个例子来说明吧。我在读研究生的时候曾经做过这样一个梦，至今我依然记得非常清楚。

我从宿舍楼上下来，手里拿着书，正准备去教学楼，走到路上，突然眼前出现了一个大水池，去路被挡住了。我灵机一动，不慌不忙地把几本书夹在两个腋下，然后从容地飞了起来，越过水池。在水池上方时，我能看见同学们匆匆忙忙地从旁边绕行赶路，心里一阵窃喜，一种自豪的感觉油然而生。过了一会儿，差不多越过水池的时候，我慢慢地落在地面上，非常平稳。

现实中那段时间，我确实心情不错。原因是我在那阵子读了许多精神分析的书，破解了我之前的许多难题和困惑。与此同时，我也做了许多释梦的训练，释梦的技术大大地长进了。而这一切，在旁人看来并没有什么变化，我也没有大张旗鼓地宣传自己的进步，只是默默地继续进步并快乐着。另外在那段时间里，家里人催我找对象，我嫌太浪费时间，一直找各种托辞，并且把所有时间和精力都用到了学习上，用到了释梦训练上。所以，我飞起来越过阻碍我前行的水池或许表示，我战胜了自己，有效地升华了压抑的心理能量，取得了释梦技术的提升。这种在现实中释梦水平长进后的快乐情绪正如我在梦中所体验到的情绪，想到这里，我心中便非常轻松和自如了。

3.典型象征是捷径

象征是梦的形成机制中最常见的一个编码机制，由于象征使用的频率高、范围广，所以经过千百年的积累，就形成了一个固定的具有典型意义的象征系统，并被存储在我们的集体潜意识当中，随着人类社会的发展而世代相传。典型象征对释梦的作用就好比彩钢板对活动板房一样，有了彩钢板，活动板房的搭建就快得多了。同样的道理，有了典型象征，梦的解释就很容易突破，并且释梦的速度也会大大提高。正如弗洛伊德在《梦的解释》发表若干年后对其梦的理论进行修改和补充说明时谈到的那样，他强调“象征作用或许是梦的理论中最引人注目的部分……象征作用使我们在某些情形中无需询问梦者来对梦进行解释……如果我们熟悉了一般梦的象征和梦者的人格，他生活的环境以及梦发生前的印象等，我们时常可以直接来释梦，就好像一见面就可以认出一样”。弗洛伊德所说的象征指的就是典型象征，而不是所有象征。

象征既具有典型性，也具有变异性，在平时的学习中，牢记各种典型象征非常重要。这些象征往往是遗传性的象征，意义比较稳定，变异性较小，容易理解，在释梦中应用频率较高。用一个例子来说明吧。

梦例三：我家院子里的月季花不见了

梦境描述

梦见在我家的院子里，有一盆月季花，我每天一下班都能看到它。突然有一天，我发现它不见了。我很着急，到处找。后来，邻居告诉我，看到有一个陌生男子从我家出来的时候，手里端着一盆花，放到一辆私家车上，开着就走了。而且他告诉我，车牌的尾号是816。我立刻报警，警察来了，责怪我说，谁让你不好好养花。我非常愤怒，回到家之后，居然发现花还在家里。本来高兴才对，可是我却非常生气，恨不得将它捻碎。

梦者背景

男，31岁，公务员，已婚，婚姻状况不好，夫妻感情比较差，经常吵架。

梦的解释

在这个梦里有三个典型的象征，一个是月季花，它象征着女性；一个是警察，在梦中，它象征着超我，是伦理道德和法制规则的代表；还有一个是私家车，象征着个人隐私的感情空间。如果我们确定了梦中的这三个典型象征，再加上陌生男子开车来拿走花的信息，那么梦的解释就显而易见了。

原来，情况是这样的：梦者由于工作需要在外地代职，而在此期间，妻子有了外遇，本来挺好的家庭关系顿时变得非常糟糕。梦者代职回来后很久才知道了这件事情，于是对妻子充满了恨意，想狠狠地揍她一顿，但是考虑到妻子过去对他的好以及妻子决心好好过日子，他也只能选择压抑。梦中警察的话让梦者深受启发，他怪自己只是一心想着工作，而忽略了妻子需要关心和爱护，才让别人趁虚而入。更令人吃惊的是，梦中那个陌生男子的车牌号最后三位竟然和现实中那个陌生男子的手机号最后三位相同。因此，梦者一定知道梦中的男人到底是谁，这个梦所表达的意思也因此变得更加清晰了。

4.凡梦必有突破口

如同每个人都有自己的弱点一样，每一个梦都有难以解释的部分，同时，也有容易突破的薄弱环节，我们将最容易突破的环节称为梦的突破口。善于寻找并利用梦的突破口来分析梦是释梦的铁律之一。

很多初学者在释梦的时候，通常会选择从前往后的分析顺序，如果梦的开头非常难，初学者必然会产生畏难情绪，甚至会因为一时无法突破而陷入困境，最后败下阵来。其实，如果我们放弃释梦固有的顺序，选择从最简单的地方入手，不管梦的突破口在梦的什么位置，只要能敏锐地发现，就可以先行解释。一点突破，再及其余，最终方可实现梦的全面领悟。

梦的突破口，可能是一个与现实对应的生活事件，可能是一个与梦者有关的重要人物，可能是一个感受明显的情绪情感，也可能是意义重大的典型象征，还可能是一些容易被人忽略的细节，等等。总之，找到梦的突破口，就可以做到提纲挈领，全面把握，快速领悟。

5.不要比梦者着急

初学释梦的释梦师通常在听完梦者对梦境的描述后，都会非常积极地问这问那，不是搜集梦者信息，便是解释典型象征，或者寻找现实对应。这么做，有问题吗？没有问题！但这么做却往往会弄巧成拙。

这里，我想说的是，作为释梦师，一定得稳住，如果释梦师太着急，结果多半会适得其反。一般来说，大多数梦者都会认为自己不知道梦的意思才找释梦师。这看起来是天经地义的事情。可是，这个想法在释梦之初就已经削弱了梦者自己探索梦的积极性、主动性。这是一个致命的错误。在没有梦者主动配合的情况下，对梦的解释必然会投射释梦师自己的猜测，算不上纯正的释梦。换句话说，释梦的第一步是先调动梦者的积极性，通过提问来引导梦者的脑子飞快地转起来。当梦者开始主动积极地参与到释梦当中的时候，释梦就正式开始了。

这条规则到底在释梦当中有多么重要？我想，还是通过一个具体的梦例从正反两方面来说明吧。

梦例四：我看到一条大蟒蛇

梦境描述

在自家后院里，我看到一条大蟒蛇正从后院围墙下面往我家里爬。奇怪的是这条蛇好像怀孕了，肚子中间鼓起来很高，我在不远处看到了，感到害怕，但却无法阻止。于是蟒蛇就爬进来了，我赶紧跑到家里，告诉家人这件事，可是等我回来的时候，已经找不到蛇了。又过了很久，我从别人家回到自己家里时，突然在后院的墙角里又看到了这条蟒蛇，它已经成为一张皮了，好像肚子里的东西全都没了，已经死了。我疑惑不解，此时，我看到旁边不远处我的弟弟正在拿着叉子摆弄着，于是我明白了：一定是弟弟打死了蛇。梦醒后，我感觉有点害怕。

梦的背景

男，27岁，研究生，未婚，即将毕业。

梦的解释

这是在一次释梦课堂上一个学员提供的梦，听完梦后，学员们都跃跃欲试。于是我先找了一个看起来挺老练的释梦师，她信心满满地分析：这个梦与性和流产有关，梦者的女友可能怀孕了，但梦者害怕事情败露，于是想阻止事态的发展，因此就建议女友打胎。最终成功打胎，但心里却一直非常担心。

她的分析且不论对与错，光是这视角足已激发出大家的兴趣了。学员们争先恐后地发言，每个人都有不同的观点，但总体看起来大同小异，都围绕着怀孕与流产的主题。学员们一个个看起来都很着急，都想准确地猜出梦的意思，以显示自己的水平。至此，释梦中的问题已经充分地暴露出来了，大家都在表明自己的想法，而忽略了与梦者的对话。

这个时候，有一个学员小李站出来，她表示自己想按照课堂上所学习的方法来试试。

首先，小李围绕情绪体验提了一个问题："你的梦，我看得不太懂，我只想简单地问几个问题。第一，在做梦之前，有什么让你感到害怕的事情发生过吗？"梦者沉思了一会儿，若有所思，却又有点犹豫。最后，在大家的鼓励之下，他终于说出了一件事："我读的是在职研究生，就是拿着工资去上学，上完还得回去工作的那种。眼看就要毕业了，我原来的单位待遇非常差，条件也很艰苦，研究生毕业后，我不想回去，想重新找一个单位，但又怕原来的单位难为我。于是，有人给我支招，让我给原来单位的领导送点东西。我自己也没多少钱，于是就借了一些钱，准备送给领导办事。可是总担心领导收了礼，又不办事，于是心里开始盘算怎么样能让这个钱不白花。经过反复思考，最终决定把送东西的过程用录音机录下来，这样一来，领导就不会抵赖了。我觉得这个想法太无耻了，求人办事，还不信任别人，但我又没有什么好办法。就在我准备去这么办的时候，爸爸妈妈的一席话打动了我，让我彻底地打消了自己送礼录音的念头。我不知道这个梦和这件事情之间有没有联系。"小李继续问：

“如果两者之间有联系，那么，你认为它们之间是怎么联系的呢。”梦者想了一下，然后解释道：“梦中害怕的感受和现实中想到这个事情时的害怕非常相似。还有，在现实中，没有与怀孕相关的事情，或许怀孕就是产生了一个新的想法或念头的意思，而蛇怀孕或许表示这个想法有点阴险，呵呵。我不知道我这样说算不算牵强，但我只能说这么多了。”小李立即接上了话茬：“你的理解不牵强，非常准确，我补充一点。这个梦反映了你内心如何产生这样的念头，又是如果打消这个念头。梦形象地呈现了这个过程，蟒蛇从围墙下往家里爬，形象地表达了你内心是如何产生这个念头；而用叉子把蛇打死，则表示你如何打消这个想法。梦中的弟弟不是别人，就是你性格当中正直的一面。这个梦解释到这儿，你就足以全面理解它了。你感觉如何？”梦者非常高兴：“非常好，感谢你！”所有的学员齐声喝彩，都夸赞这个学员厉害！

我觉得，如果能在关于蛇的象征的解释上多问几个问题，然后在弟弟身上多问几个问题，求证弟弟与梦者之间的关系，让梦者自己来理解这一点，那么，这个梦就解释得更加完美了。不过，作为初学释梦的学员，能有这样可圈可点的表现，已经算是非常优秀了。

这两个学员，前者根据梦的字面意思来猜测，投射了许多自己的想法；后者尊重梦者的感受，抓住情绪的线索，避免主观猜测，重点询问梦者本人，调动了梦者参与释梦的积极性，最终揭示了梦的本意，消除了梦者内心的困惑。

在我看来，释梦不是一道选择题，由释梦师提供解释，供梦者选择；而像一道分析论述题，没有标准答案，需要梦者与释梦师一起分析讨论。释梦时，一定要以梦者为主，充分调动梦者的积极性，释梦师只是作为一个陪伴者和好奇的旁观者参与其中，至于梦者作答的深度和角度，梦者自己会提供解释说服自己，释梦师切忌急于给论述题定调或作答。

6.有梦必然有压抑

在梦的形成过程中，压抑这个因素非常关键。虽然不是每一个梦的形成一定都有压抑，但绝大多数梦都是压抑的结果，尤其是那些饱含情绪体验的梦，一定都是压抑的结果。

在释梦过程中，经常会有梦者根据梦中的提示回想起一些事件来，看起来会与梦中的情境对应起来，但是如果这件事情并没有压抑的必要，那这样的事件一定不是梦真正要表达的内容。只有那些需要深深压抑的事件才会优先成为梦集中表达的内容。

下面，我将用一个网络咨询的案例来说明这一重要的释梦铁律。

梦例五：危险的汽车

梦者背景

女性，34岁，公司职员，已婚，夫妻感情一般，孩子上小学，身体状况良好。

释梦过程

碧玉盘：老师，梦我已经发给你了，收到了吗？

抚心人：收到了！已经看完！不过，还是想听你再叙述一遍。

碧玉盘：好的。我梦见自己在一辆汽车上，我坐在副驾驶的位置上，开车的人，我感觉不认识，但感觉他是个男的，好像很熟悉，又不知道他到底是谁。车子在经过一个红灯的时候，突然有一个男的又上了车，然后只和我一个人说话，并不理会司机。过了一会儿，车子突然从近90度的坡上向下冲，高度快速降低，速度持续加快，我感觉车都快要翻了。但最后车子还是没有翻，冲了下去，最后平稳地停在那里。我惊出一身冷汗，一阵后怕。这个时候，我发现，车上只有我和司机两个人。

抚心人：听起来有一种劫后余生的感觉，现实中有这种感受吗？

碧玉盘：有，前不久买了股票，重仓，结果许多股票都跌停，只有我的股票一枝独秀，还涨了一些。后来，我赶紧卖掉，刚卖完，就出现连续五个跌停。真的有一种劫后余生的感觉，想起来都后怕呀。或许与此梦有关吧。

抚心人：或许有些关联。除了这件事情，还有其他类似的事情吗？（这件事基本不需要压抑，应该不是梦中反映的事情。）

碧玉盘：还有一件事，也有这样的感觉。那天，几个朋友叫我一起去玩，我因为有事没去，结果那天，她们的车子和别人撞了车，几个人都受了伤。这件事也让我有一种劫后余生的感觉。

抚心人：除了这两件事情外，还有没有类似的事件呢？

碧玉盘：我的婚姻也有这样的感觉。

抚心人：婚姻？能说得具体一些吗？

碧玉盘：我和我老公只认识了一个月就结婚了。当时，我是因为和家人赌气，我只想证明一下，我没有他们说的那么差。结婚后我发现，老公虽然对我很好，但他小气、妒忌心强、懒散，我打心里无法接受他，两人经常非常客气，感觉像陌生人一样。后来，我们有了小孩，小孩非常懂事听话，我又感觉到家庭的幸福了。可是，就在这个时候，有一个男人闯进了我的生活，他是我的一个高中同学，事业非常成功，算是女人心中都向往的那种男人，他也喜欢我，于是我们就在一起了。后来，老公知道了这件事，我们的关系就急转直下，闹到了要离婚的地步。其实，我现在不想离婚。一来我舍不得孩子；二来我的同学也不会舍弃他现在的家庭与我结婚的；三来我现在上班的公司是老公的姑姑的公司，如果我们离婚，我必然会失业的。后来经过家人反复劝说，我们勉强又过到一起了。其实，最关键的是老公并没有真的想离婚的意思，他只是想借这件事来教训一下我。尽管现在看起来，我们的家庭比较稳定了，但是我内心深处仍然有一种害怕的感觉，就像梦中劫后余生的感觉一样。

抚心人：非常好，你已经完整地解释了你的梦。那个司机不是别人，就是你老公，正因为你们关系陌生，才会出现梦中不认识他的情况；红灯表示你的感情亮起了红灯；车子从坡上冲下来，是在描述你们的关系急转直下的那个阶段；梦中劫后余生的感觉则对应着现实中的感觉，正是因为你心里压抑这份感受，所以，它进入了梦境，然后寻找机会表现出来了。

碧玉盘：是的，刚才，当我说完这件事的时候，突然有了一点点感觉。对了，你是说车子就代表了我的感情和婚姻吗？

抚心人：差不多，私家车与个人感情空间有关系。

碧玉盘：谢谢老师，原来是这样。我会珍惜我现在的生活，把孩子教育好，把老公照顾好！谢谢老师，这个梦真好！

五、释梦技术的六个小伙伴

释梦技术是精神分析理论体系的重要组成，同时也是心理咨询技术中不可或缺的一部分。当前，心理咨询各流派之间已经表现出相互融合的局面，许多技术的叫法各不相同，但其本质上则有许多相通之处。借助其他心理咨询技术来不断地完善释梦技术体系，或为释梦所用，为梦者服务，意义重大，值得研究。

释梦技术与其他心理咨询技术结合，不仅可以有效地拓展释梦技术的发展空间，而且还可以增强释梦技术的包容性和实效性。根据我的实践经验，释梦技术可以与以下六个小伙伴相结合。

1.意象对话技术

意象对话是朱建军老师提出来的一种本土化的心理咨询技术，主要是通过诱导来访者想象，了解来访者的潜意识心理冲突，对其潜意识的意象进行修改，从而达到心理治疗效果。从本质上讲，意象对话仍然属于精神分析理论体系，只不过是精神分析在中国的一种本土化应用。

意象对话技术也非常关注对梦的分析，它将传统的释梦技术与意象对话有机结合，重点强调两种取向的释梦风格。一是体验感受，即引导梦者在放松状态下进入梦境，发展梦境，体验梦境，从而领悟梦要传递的意思；二是象征分析，即通过对梦中的事物以及由梦境联想到的事物进行象征分析，从而揭示梦的意思。这两种风格，各有优势。体验感受式更加人本一些，但实施起来比较复杂，耗时比较多；而象征分析虽然释梦快速，但容易投射个人感受，准确性比较差。相比较而言，我更倾向于将两种风格结合起来，一方面强调梦者的感受和体验，另一方面注重挖掘梦中事物及意象的象征意义，并进行分析。

意象对话释梦很好地结合了自身技术的特性，有效地推动了释梦技术在中国的发展。学过意象对话并且善于象征分析的人，在释梦时，不妨将意象对话与释梦技术结合运用。

2.催眠技术

催眠技术是一个古老而又神奇的心理治疗技术。在心理治疗技术的体系中，催眠技术历史悠久，应用广泛，效果神奇，主要用来治疗各种精神上的疑难杂症。

催眠与释梦的结合，很像意象对话与释梦的结合，尤其是在刚开始导入梦境的时候，催眠和意象对话都会有身心放松训练，前奏很像，进程雷同，并且最终都是从进入梦境以后才开始工作。不同的是，由催眠进入梦境，目的是为了减少防御、消除阻抗，寻找深层压抑或遗忘的内容与梦境的关系，所以，催眠师一般不会去刻意引导，只是任凭梦者自由发展梦境，直至领悟。而由意象对话导入梦境后，意象治疗师则会通过对话引导梦者去体验梦境中的感受，理解梦境中意象及新发展出来的意象的象征意义，从而领悟梦中意象的隐义。

应用到释梦中，催眠和意象对话既有区别，又有联系，最终目的都为了能让梦者获得更深刻的领悟。从技术使用难度上来讲，催眠技术与梦境的结合难度要比意象对话释梦难度更大一些，精神分析技术和催眠技术功底较好的人可以尝试将催眠技术应用在释梦之中。

3.沙盘游戏技术

沙盘游戏治疗是由瑞士心理学家朵拉·卡尔夫发展创立的心理治疗方法。它是运用意象进行治疗的创造形式，即运用意象的实物代表或象征表达在沙盘中所表现的系列沙盘意象，引导沙盘游戏者心灵深处意识和无意识之间的持续性对话，由此激发沙盘游戏者的治愈过程和人格发展。

从本质上讲，释梦与沙盘游戏都是精神分析理论体系下发展出来的心理治疗技术，梦境和沙盘作品都是潜意识的表达，虽然形式不同，表现各异，但其最终目的是一样的，均是为治疗当事人服务。因此，释梦与沙盘游戏之间的结合也就顺理成章了。在实践操作中，假如梦者将自己梦中的意象以沙盘的形式呈现出来，就等于梦者用沙盘为梦做了翻译和注释。看到沙盘里的梦境，就如同看到真实的梦境一样；理解了沙盘，也就自然理解了梦境的意思；从沙盘中所获得的领悟，其实也是从梦中获得的领悟。

4.绘画治疗技术

绘画艺术心理治疗技术，简称绘画治疗，属于表达性艺术治疗范畴，它是将潜意识内容通过艺术作品的描绘呈现于纸上来实现艺术表达，然后再通过与治疗师分享来完成语言表达。通过这两个过程，改善当事人内在的负面情绪、情感问题，从而实现修复创伤、重建心理空间、完善人格的目的。

关于释梦与绘画技术的结合，心理学家荣格曾经有深刻的体验。他要求患者用绘画的方法来表达自己的梦境体验，并指出，“给予梦的意象一种可见的形式，将会加强对它的各个部分进行研究”，更重要的是，“这有助于独立性的增长”。“他不再依赖他的梦了，不再依赖他的医生的知识了，而是用绘画的方式来表达他内心的经验。”

梦是潜意识的表达，绘画也是潜意识的体现，当我们将梦以绘画的形式呈现到纸上的时候，其实，我们也就多了一个角度来审视梦。从这个角度我们可以看到梦的另一个形态，可以看到梦的全局，与此同时，以绘画的形式表达梦的过程，也可能一并实现潜意识中被压抑能量的升华。

5.音乐心理治疗技术

音乐心理治疗技术是以音乐的聆听或演奏，以及治疗师与来访者之间的互动为主要治疗方式的心理治疗技术，主要是通过音乐中所包含的情绪来匹配来访者所压抑的情绪，进而建立深度共情，激发来访者内心压抑的心理能量。

前面，我们专门讲过，梦中所体验的情绪常常是梦者在现实中压抑的情绪。如果音乐中所包含的情绪匹配了梦者在梦中所感受到的情绪，经常会让梦者在瞬间融入到音乐中。当梦者在音乐所营造的氛围中回到梦境中重新体验时，顿悟常常会突然发生，这便是音乐释梦的基本原理。音乐释梦的关键在于，选择恰当的音乐将梦者导入梦境，以营造合适的氛围，让梦者去感受自己的梦境，从而获得领悟。

6.心理剧

心理剧是由著名奥地利精神病理学家莫雷诺1921年创立的一种团体心理治疗技术。心理剧主要是通过音乐、绘画、游戏等活动热身，进而在演出中体验或重新体验自己的思想、情绪、梦境及人际关系，伴随剧情的发展，在安全的氛围中，探索、释放、觉察和分享内在自我，最终使患者的情绪得以宣泄，从而达到心理治疗的目的。

前面，我们所讲的与释梦技术相结合的心理治疗技术均为个体治疗技术，而心理剧则属于团体治疗范畴。所以，当我们以心理剧的形式来表演梦境的时候，可能需要多个人参与，甚至还要不断地更换场景，操作起来比较复杂。尽管如此，其效果却能让梦者身临其境，感同身受。当我们为梦者创造了一个梦境表演的情境时，梦者也就可以切身体验梦境，在梦境表演过程中，所有参与者也会从不同角度为梦者理解梦境提供多个视角的启示，最终会帮助梦者从多维度倾听梦者的心声。

除了以上六种心理咨询与治疗技术以外，释梦还可以与其他技术有机结合，从而更好地帮助我们理解梦境，就不一一论述了。这里，有一个问题需要说明一下，有心的读者可能早已经注意到这个问题——文中对前来咨询的对象称呼总是在不停地变化，一会儿叫来访者，一会儿叫患者，一会儿叫咨客，一会儿叫梦者，到底这是什么原因呢？其实原因很简单，不同的学派对前来咨询的人有各自不同的称呼，精神分析学派一般称其为病人或患者，原因在于精神分析学派的创立者及其代表人物，如弗洛伊德、荣格、阿德勒等人均是精神科医生出身，他们习惯称前来接受治疗的人为病人或患者。而人本主义和行为主义的咨询师则倾向于将前来接受帮助的人称为来访者，从称呼上就减少了对其问题严重程度的暗示，以区别精神分析学派。认知学派倾向于将前来寻找帮助的人称为求助者。为了区别心理咨询的四大流派，我们本土化的释梦师通常将前来咨询的人称之为咨客，即前来咨询的客人。而在释梦过程中，我们通常将前来释梦之人简称为梦者。至此，我想，大家已经理解了为何我们之前在称呼上看起来会有一些混乱的感觉。

第四章

释梦你我他

有时候梦里的人才如其所是，而醒着的人却是浑然如梦中。

——张天布

临近毕业了，所有的同学都在紧张地写自己的硕士论文，光顾“阳光论坛”释梦专栏的人比以前少了许多，但亲自上门来找我，或直接约我到学校咨询室释梦的同学却逐渐多了起来。此时，我关注的焦点已经从弗洛伊德等人的释梦技术慢慢地向其他学派拓展。我发现，其他学派的释梦技术虽然方法各异，角度不同，但有时也能让梦者受益良多。也就是从那个时候起，我一直在试图寻找一种能将各个流派理论与技术融会贯通的释梦方法。恰巧，当时在同学的推荐之下，我看了一篇关于武术巨星李小龙的传奇故事，故事讲述了当年李小龙在学了咏春拳之后，去美国发展，先后与世界各国的拳术门派相互切磋，取长补短，博采众长，为己所用，最终创立了独树一帜的著名武术格斗技法——截拳道。看完李小龙的故事，我深受启发，加速广泛涉猎各个学派的释梦技术的理论，希望在现实中总结出一套行之有效的实战释梦技术，并为大家接受。

一、《周公解梦》那点事儿

在中国，提起《周公解梦》，可以说是无人不知，无人不晓。尽管时间的列车已经驶入21世纪，中国社会发生了翻天覆地的变化，科学技术的发展也是突飞猛进，但是，作为一个中国人，每当在做梦之后，人们可能首先想到的仍然是《周公解梦》。许多上了年纪的人常常会在家里备上一本线装版的《周公解梦》。现代网络技术还提供了《周公解梦》的在线服务，方便快捷，只要打开电脑或手机，打开周公解梦的网站，将自己所梦到的事物输入其中，然后点击鼠标或键盘，就会看到一些五花八门、覆盖各个年龄层次的解释，这些解释猛地看起来往往让人感觉挺靠谱的。

值得关注的是，如今的《周公解梦》也在与时俱进，不仅会对梦中的事物进行分类解释，而且还会针对梦者的性别、职业等因素设计更精确的解释，并且还会假设各种情形，同时提供多种可能的解释，让读者自己从中寻找适合于自己的分析，一般的读者都能从中找到一些受启发的地方。所以，《周公解梦》不仅在社会上没有失传，反而不断地趋于完善，许多现代元素也逐渐被后人加入其中，为这部古代的解梦典集注入了不少新鲜血液。加之互联网、微信公众平台及朋友圈等新兴传媒手段的广泛运用，使得现代《周公解梦》大有“互联网+”的味道。

说到这里，可能你会在大脑里产生一系列疑问：周公到底是谁？《周公解梦》是不是周公本人写的？《周公解梦》的解梦原理是什么呢？《周公解梦》科学可信吗？等等。下面，就让我们一起来逐一揭开这些谜团。

1.周公是何许人？

周公，周代人，姓姬名旦，是周文王第四子，周武王的弟弟，我国古代著名的政治家、军事家、教育家、思想家，被尊为“元圣”和儒学先驱，曾两次辅佐周武王东伐纣王，并制作礼乐，使天下安定，国家大治，群贤皆至。因其所授封地在周，且爵位为上公，故称之为周公。如图4-1所示。

图4-1　周公

周文王在位时，周公就非常孝顺仁爱，并且尽心尽力地辅佐武王伐纣，最后被封于鲁地。但周公没有到封国去，而是留在王朝，辅佐武王，为周朝安定社会，建章立制。武王驾崩后，周公又辅佐成王理政治国。据《曲阜县志》记载："武王十三年定天下，封公于少昊之墟曲阜，公不就封，留相武王，成王即位，命世子伯禽就封于鲁。"新建立的周王朝面临着严重的困难，商朝旧贵族们准备复辟，而周公辅政，又有违于王位世袭制中父死子继的原则，引起周室集团内部的矛盾。以纣王子武庚为残余势力与以管叔、蔡叔为代表的周室内部的反叛势力勾结起来，准备推翻刚刚建立的周王朝。周公奉命东征，一举平定三叔之乱，灭五十国，奠定东南边疆的稳定与安宁。周公凯旋后，着手制礼作乐，规范法度与礼乐，天下从此大治。

2.《周公解梦》并非周公本人所作

我自小就经常做梦，因此喜欢上了《周公解梦》，同时也被书里所说的丰富的梦境及奇妙的预测所吸引。那个时候，我就对周公其人产生了许多好奇，为此，在我开始研究释梦的第一年秋天，我专门驱车200公里前往陕西宝鸡岐山周公庙一探究竟。

记得当时，在周公庙门口确实有许多地摊在卖各种版本的《周公解梦》，我心中一阵喜悦，于是买了一本，并与一位摊主聊了起来。他是一位老者，年纪约70岁，自认为《周公解梦》是出自周公之手，并声称自己也学了解梦之术，可以帮我解梦。我便来了兴致，把自己前不久刚刚做的一个短梦告知了老者，他一边沉思，一边捋着胡须，约莫三分钟后，他给我说了一番他自己的解释。虽然听起来有些神秘，但我明白了他的意思。他只是根据《周公解梦》上的说法，做了一个推测而已，不是指向过去，而是指向未来，预测了我的事业发展和婚姻状况。无论在当时看来，还是在现在看来，这些说法都有些不靠谱，完全是一种臆测，几乎脱离了梦的实际内容。

当然，即使是这样的一个解梦，也不是免费的，我被要求支付30元钱。付完钱后，我告别了老者，进了周公庙的庙门，并且专门请了一个讲解员。游完了整个周公庙，也没见他提起《周公解梦》，我有些诧异，于是就问他：《周公解梦》是不是周公所作？讲解员解释，每次讲解，他都故意不讲这个问题，就专门等着有兴趣的人来提问，然后将回答这个问题作为讲解的“保留节目”。而且，游客们几乎每次都会看到这个“保留节目”。

图4-2　周公庙

据讲解员说，《周公解梦》并非出自周公之手。按照导游的说法，当时，周公在人们的心目中就像神一样，无所不能，而梦在那个时候被视为是一种神灵与人沟通的重要方式，所以，人们自然就将解开梦境之谜及神秘之事寄希望于像神一样的周公。但周公忙于政事，根本没有时间来完成这样一件非常纷繁复杂的任务，于是，民间就有人收集整理并编写了解梦之书，并将之命名为《周公解梦》，以此书名来暗示人们，梦不是别人解的，而是周公所解，因此具有很高的可信度，这也是《周公解梦》能流传至今的一个重要原因。

然而，讲解员的这种说法并未经过科学考证，只能算是一个民间流传的故事罢了。得到这样一个答复，我并没有感到满意，甚至还有一点失望。回来之后，我查阅了一些古籍，找到了一点关于《周公解梦》的线索。其中《尚书·大传》在谈到周公时，将其一生概括为："一年救乱，二年克殷，三年践奄，四年建侯卫，五年营成周，六年制礼乐，七年致政成王。"意思是说，周公一生所做的大事可以概括为七件：一是救周于乱世之中；二是讨伐纣王；三是剿灭奄国；四是实行分封制；五是帮助周武王建立周朝；六是制礼作乐，维护封建等级制度；七是还政于成王，并帮助成王理政，巩固周朝统治。读到此处，你一定会发现，《尚书·大传》没有显示任何与《周公解梦》有关的内容。

据河南洛阳周公研究会会长姬传东先生考证，尽管我们所能见到的《周公解梦》之类的著作都不是周公所作，但不能说周公与占梦完全无关。早在周代之前，人们已经注意到梦的现象，不过那个时候，由于人们知识的贫乏，人们对梦的认识水平非常低，将梦视为一个神秘的精神现象，并且认为梦是神灵在向人们传递着某种信息，正确地理解梦，可以破解神谕，并预测未来吉凶。所以，那个时候，人们把解梦称为占梦，并且也只有部落首领或贵族才有占梦的工具，记录甲骨文的龟甲和兽骨就是曾经被用来占梦的器具。

后来，由于普通老百姓对于破解梦境一事也甚有需求，于是占梦的技术就慢慢地流传到了民间。有人曾经专门著书来记录这种占梦理论，并且形成了

《致梦》《觭梦》《咸陟》等占梦古籍。不过，在后来连年的战乱和自然灾害之中，这些古籍并没有广泛地流传下来。而周公在“制礼作乐”时，可能主持收集、整理前代的占梦理论，从而形成了自己的占梦理论，即《周公解梦》，一来可以为当时的封建王朝统治服务，二来使得占梦古籍得以发展和流传。或许这种解释更加靠近《周公解梦》一书由来的真相。

还有一种说法也广为流传。在民间，“梦见周公”的俗语妇孺皆知，人们常常用它来比喻做事心不在焉，力不从心，甚至是昏昏欲睡。但它的本意并非如此。“梦见周公”是《论语·述而》中的一个典故。据说，春秋时期的孔子非常崇尚周公的作为，从小就学习西周流传下来的知识，掌握了西周的礼乐之制。孔子对西周的政治制度非常尊崇，认为西周社会是尽善尽美的社会，而周公也成为他心目中最向往的人物，以至于在入睡之后常常梦到周公，并且也想成为周公那样的人。

后来孔子从政于鲁国，他决心恢复西周的制度，广施仁政，建立西周式的国家。可是他的主张遭到了当政权贵的竭力反对，最后，他被迫离开鲁国，周游列国，宣传、推行自己的主张，结果处处碰壁，最后只好又回到鲁国。此时他已年迈体衰，常常叹息道：“甚矣吾衰也！久矣吾不复梦见周公！”意思是说，我衰老得多么厉害啊，我好久没有梦见周公了！借梦见周公来缅怀先贤，隐喻时下周代礼仪文化的失落，表达了自己力不从心，无法实现美好心愿，只能听由天命的切身感受。宋代大文豪苏轼在游周公庙时所作的《周公庙》一文中也引用了这个典故：“吾今那复梦周公，尚春秋来过故宫。”以此来表达对周公的怀念和心中的失落与无奈。而后人则由此将周公与梦境之间建立了一种关联。加之之前民间便有《周公解梦》一书在广泛流传，于是，后来人便对《周公解梦》源自于周公之手深信不疑了。虽然，这一切看起来并没有道理，但却反映了人们探索梦境、认识自我的深切期望。如图4-3所示。

至此，你或许对《周公解梦》出自谁人之手仍然存有疑虑，不过，那已经不重要了，重要的是《周公解梦》的流传与普及并没有因为各种来源之说的不同而受到任何影响。千百年来，《周公解梦》虽然难登大雅之堂，但在民间却流传甚广，甚至已经成为中国梦文化的重要组成部分，研究中国人的梦，不研究《周公解梦》，那一定是不完整的，也一定会留下遗憾的。

图 4-3 《周公解梦》

3.《周公解梦》的基本原理

相信许多人一定对《周公解梦》到底运用什么样的原理来分析梦很好奇。我也曾经在这个问题上思考了很久，并花了很长的时间对多个版本的《周公解梦》进行了深入研究，并总结了《周公解梦》形成的六大原理，供大家参考。

（1）归纳

这是《周公解梦》的重要原理之一，它是将许多人的梦中共同的内容和相似的意义进行概括和总结，发现其一致性的预测意义，推而广之，对其他人的梦境进行推测的一种方法。比如说《周公解梦》中有一个条目是“梦见牙齿脱落，主大丧”。那么，它是怎么来的呢？简单地说，如果100个人梦见牙齿脱落，其中有85个人或更多的人都有亲人亡故的事情发生，那么，按照归纳这一原理，第101个人梦到牙齿脱落，就被视为可能预测着将有亲人离世，准确性应该在85%以上。

其他的条目也大多都是这样得来的。这种方法科学吗？严格地从数学归纳法的原理来讲，这是不科学的，缺乏数学推理的严谨性，但是从概率论的角度来讲，这里面也有一定的科学性，至少归纳的结论让我们从杂乱无章的东西中看到了一些共性的东西，尽管其可信度比较低，但至少能在一定程度上说明问题，能为人们在迷茫和困顿中看到一丝光明。

（2）隐喻

这是一种修辞手法，是比喻的一种，它的意思是指在一类事物的暗示之下感知、体验、想象、理解、谈论另一类事物的心理行为、语言行为和文化行为，是人类社会早期经常使用的一种象征性的表达方式。隐喻的思维方式更接近人类原始的思维模式，更符合潜意识的工作原理。

《周公解梦》里大量地使用了隐喻。就拿刚才上面的“梦见牙齿脱落，主大丧”来说吧，有些版本的《周公解梦》中直接说梦见牙齿脱落，预示着骨肉分离，理由是：牙是骨头，牙床是肉，牙齿从牙床上脱落就是骨头与肉的分离，以此来隐喻梦者与亲人的分离。类似的解释在《周公解梦》中比比皆是。再比如，梦见抱小儿，主口舌，意思是说，如果梦到自己抱着一个小孩子，表示将会遭人算计，或陷入口舌纠纷。诸如此类，不胜枚举。

记得前不久，有一位男性梦者告诉我一个非常短的梦，仅仅只有一个画面。

他梦见自己在一个光线灰暗的房间里，对着一只咖啡色的皮鞋发呆，房间的门是锁着的。

这个梦的意思非常简单，理解这个梦的关键环节是这只皮鞋，这是一个巧妙的隐喻。据梦者说，这是自己平时穿的鞋子，是自己的妻子生前给自己买的，妻子在半年前生病去世，空留自己一个人独守空房，心情非常灰暗、压抑、低沉。当由这个梦想到妻子，再想到妻子给自己买的鞋子时，梦中的隐喻忽然间明朗了，梦者也感到茅塞顿开。

（3）反解

这是中国人独有的一种解梦方法，它是指从梦境字面意思的反面来解释梦的意思。在文化水平和科学技术发展非常落后的古代，当人们做了可怕的或无法面对的梦境时，为了求得心灵上的慰藉，不得已而采取反向解释梦境的方法。久而久之，这种反向解释的方法也及时地被后人归纳总结了下来，成为后来人解梦的一种方式。

虽然这种解释并没有多少科学依据，但当人们都以这种自我安慰式的解释为标准的时候，这种解释便慢慢地被大家公认，久而久之，这种解释也便逐渐进入人们的集体潜意识当中，成为中国梦境文化的一部分。比如说，梦见大哭，皆大欢喜；梦见火焰满天，要有财运；梦上厕所掉在屎尿中，平平安安。这些解释或许还有其他的原理作为依据和支撑，但是，反解则是最为重要的一个原理，这也是《周公解梦》里最具有中国文化特色的一个解梦原理。

（4）同音

即利用与梦中关键词相同、相似或相近的读音来解释梦境的一种方式。利用同音的最大好处是可以巧妙地规避人们面对梦中令人焦虑的场景或事物，或者说可以减轻人们在面对令人不安的场景和事物时的焦虑感。比如说，《周公解梦》中记载：梦到棺材，主升官发财。梦到棺材应该是一个令人恐惧不安的东西，如何让人们在做梦之后能尽快地驱走内心的焦虑感呢？当人们想不到更好的方法来解释这种梦境时，便利用读音相似或相同的特征来进行巧妙的意义转移，将一个令人不安的内容转移到一个与此无关甚至令人向往的事情上，如此一来，便巧妙地化解了这个困扰人心的梦境所带来的负面影响。除了棺材通官和财的梦外，梦同音的现象非常普遍，比如桃通逃、马通妈、生通升、鱼通裕、杏通性，等等。

记得在十年前，我在一次释梦班上讲课的时候，有一个40多岁的女性学员报告了一个奇怪的短梦。

梦见我下班回家后，发现家里的地毯下面有许多蚂蚁，感觉非常恶心，想把它们弄走，但无论怎么驱赶，都好像清除不干净。

听完这个梦之后，我让她由蚂蚁展开联想，可是她表示想不到什么东西，就是有一种恶心的感觉，而当我问她对什么东西还有这种恶心的感觉时，她陷入了沉思。之后，她说对妈妈有这样的感觉，并且又讲述了一些与妈妈之间不愉快的事情。

虽然这种解释看起来比较靠谱，也能够让梦者本人和同学们信服，但我总觉得没有说透，但一时间，也做不出什么深刻的解释。就在即将下课的时候，她突然站起来，告诉我，蚂蚁反着读就是“蚁蚂”，“蚁蚂”的读音通“姨妈”。她的妈妈是后妈，按照西安当地风俗，她们一般都管后妈叫“姨妈”，而她对自己的姨妈比较反感，因此，在梦中蚂蚁指代姨妈这个人。说到这个地方的时候，她满意地笑了，好像心里有一块石头终于落地了。

（5）拆字

拆字就是把梦中特定事物的文字表达中的汉字按照偏旁部首分解开来，然后按照其偏旁所代表的意思来分析理解梦的意思。我们都知道，中国的古汉字是象形字，每一个文字的结构都对应着一个特定的画面或含义。就拿“梦”字来说，它的繁体写法是“夢”，意思是说太阳下山后，天黑了，人们进茅草房内，进入自己的卧房，然后躺在床上，盖上被子，进入睡眠状态，然后就会有梦产生。当然，也有人按照简体“梦”字来解释，说梦字是指一个人在天黑时，刚好步入树林，在树下休息的时候，不小心睡着了，于是就产生了梦。其实，无论哪一种说法，我们都可以清楚地看到，汉字的形成都可以被看作是古代人们沟通和记事的一种符号。而这些内容都会通过学习的过程而慢慢被人们内化，印记在记忆的深处，当人们做梦的时候，汉字的字形也就自然地成为表达梦的意图时可以选择的一种材料。

前几年，有一个电视剧《马大帅》比较流行。记得范伟在其中扮演彪哥，他开起了彪哥解梦馆，专门为人解梦。有一天，有一个老太太做了一个梦，说她最近多次梦到了“茄子”，范伟经过反复思考，并在翻阅了《周公解梦》后断言，“茄”字是由“艹”字头和“加”字底组成，“艹”代表过去的茅草房，代表家，而“加”字和“子”字组合到一起就是加子，所以，梦到茄子即表示老人想添人进丁的意思，也就是说想抱孙子了。老太太家里儿媳妇结婚四年，一直没有生孩子，她整天想抱孙子，但一直没实现这个愿望，于是经常梦见茄子。

虽然，这个梦例只是一个影视作品中的片段，有演绎的成分，但其分析梦的视角却非常具有中国传统特色，甚至有时还能让梦者和释梦师有一种豁然开朗的感觉。

（6）间接表达

在《周公解梦》里，间接表达就是利用事物的某些外在特点或内隐特性进行深层意图表达的一种表达形式，是中国古代梦形成的基本原理之一，这种原理表达了中国古人内隐的逻辑思维推理过程。

比如说，《周公解梦》说梦到“屎尿污身，主得财”，这种解释猛一看，似乎有点荒唐，但经过仔细分析之后，我们不难发现，这里面蕴藏着非常重要的一种心理推理过程。我们都知道，在中国古代是没化肥的，农民种庄稼的肥料主要来自于动物和人的粪便，一些家里没有饲养牛马的农民常常在牛马必经之路捡它们的粪便，还有一些人会为了获取牲畜粪便而与他人产生矛盾，甚至会动手打架。这一切都源于庄稼有了这些粪便做肥料，就会长势良好，庄稼获得丰收，就可以换取更多的金钱和财富。这样一来，粪便就与财富联系起来了。

当这种联系成为一种普遍的认识，成为一种大众文化的时候，在梦中表达这些联系就显得再正常不过了。所以，在释梦的时候，从间接联系的角度来解释梦，也就顺理成章了。

4.《周公解梦》可信亦不可信

在国人眼中，《周公解梦》是一部能预测吉凶的解梦宝典，只要你将梦境中的内容和书中的条目进行比对，就能轻易预测出自己未来的祸福吉凶。那么，到底《周公解梦》可信吗？答案是：不可不信，也不可全信。为什么这么说呢？让我们先近距离了解一下《周公解梦》。

迄今为止，《周公解梦》在中国有上千个版本，内容不断更新，算是做到了与时俱进。无论书的版本怎么变化，内容如何更新，几乎所有的书都遵循了一个基本的原则，即将所有的梦进行分类，然后进行归纳整理，并提出可能的预测意义。比如，最古老的版本是敦煌出土的《周公解梦书》残卷，这本书里把人们的梦分成了天文、地理、山林、木火盗贼、官禄兄弟、人身梳镜、饮食、佛道音乐等23大类。而现代版的《周公解梦大全》，则将梦分为人物类、爱情类、生活类、物品类、身体类、动物类、植物类、鬼神类、建筑类、自然类、梦文化等几十个种类。这些分类使人们在解梦时，可以很快地像查字典一样，找到自己梦的对应解释和预测。

那么，究竟该如何科学地对待《周公解梦》，我想从以下三个方面来说说我的看法。

第一，《周公解梦》是中国传统释梦的经典之作，它是特定历史条件下产生的必然产物，是中国人集体潜意识的重要组成部分，具有强烈的时代特色和深厚的文化底蕴，对于古代民众消除内心困惑和丰富精神世界具有重要的作用。

第二，《周公解梦》中条目的形成多半是依据其梦境内容中的主要元素来预测未来。而完整的梦境一般都比较丰富，仅仅依靠一两个元素去预测未来，具有一定的不确定性，错误的概率自然大大提升，其科学性也会因此降低。

第三，《周公解梦》虽然流传至今，家喻户晓，但终究受认识水平的影响，其解释缺乏科学性，唯心色彩太浓，一直以来难登大雅之堂。但我个人认为，《周公解梦》虽然存在诸多的缺陷和不足，但并非一无是处，我们应辩证地看待它，取其精华，弃其糟粕。

用了这么大的篇幅来谈《周公解梦》，不是鼓励大家都去学《周公解梦》，而是想告诉大家，作为一个中国人，要想研究梦，研究中国人的梦，不应该遗忘《周公解梦》。与此同时，还想让大家从历史的角度，以客观的视角，用理性的态度来审视《周公解梦》，不要盲目否定，也不要过于崇拜，以扬弃的态度正确地对待这部历史遗产。这是作为一个中国人，研究释梦不可回避的问题。

二、从认知心理学视角审视梦

在梦的产生的众多解释当中，认知心理学派的解释最为直观。认知心理学是20世纪50年代中期在西方兴起的一种心理学思潮，它主要研究人的注意、知觉、表象、记忆、思维和言语等高级心理过程。

按照认知心理学的观点，梦是人在睡眠状态下，大脑皮层处于不平衡的抑制状态，少数神经细胞的兴奋使一些表象被激活而形成的离奇画面。这些兴奋的神经细胞大多与白天反复思考、引发强烈情绪的事件有关。假如白天对这些事件的思考和回忆尚未结束就匆匆进入睡眠，那么，那些正在兴奋当中的神经细胞便会在入睡后继续工作。不过，此时大脑中画面的组合便没有了规律性，不受人的正常思维模式的制约和影响，因此，这样的组合看起来更具新奇性和创新性。其实，这种离奇画面大多数是荒诞不经的，是没有意义的，但在众多的离奇画面中，偶尔也会有一个场景会对人产生启发，甚至就是直接瞄准解决具体问题的，如此一来，人们就会从梦中获得令人震惊的启示。

这种解释与第二章我们所说的精神分析视角下的原型解释不同。按照认知心理学的观点，德国化学家凯库勒在梦中悟出苯环的结构、美国发明家受梦境启示发明缝纫机针、俄国化学家门捷列夫受梦境启示发现元素周期表、德国化学家玻尔受梦境启发发现原子结构，诸如此类的梦境之所以能给人以启发，其主要原因是因为在梦境众多离奇的画面中存在着与解决问题相关的画面，因此，这些画面会被注意到，并且进入梦境，以梦的形式记录下来。当人恢复到清醒状态时，发现这个梦境与解决现实问题有关联，于是人们就会觉得梦境神奇，其实不然，这只是人类在睡眠状态下进行思考的一种形式而已。

认知心理学研究表明：人在入睡后，除了机体的神经细胞会自发地自由组合形成画面之外，如果机体内部发生变化或直接受到外界刺激，还会导致大脑神经细胞产生定向组合，进而形成各种生动逼真的画面。

比如说，人在睡着之后，如果感觉肚子胀，想小便，那么，这一刺激会导致身体的神经细胞组合出一个想上厕所的画面，并产生与现实一样的焦虑情绪。由于情绪的产生也需要神经系统参与活动，因此，这个刺激所形成的梦境就会非常逼真，如同现实一样。其实，身体内部刺激与外部刺激引发梦境是同样的道理，如果一个人在进入深度睡眠后，受到蚊子的袭扰，蚊子的嗡嗡声就会直接刺激机体的听觉系统，刺激所导致的神经冲动便会从原先的记忆系统中寻找与此相关的神经冲动来进一步表达这个刺激。比如说，以直升机在耳边盘旋的画面和声音将蚊子袭扰这个刺激信号放大，进而提示机体正在受到外界的侵袭。当然，假如梦者本人并未见过直升机的画面，也没有听过直升机的响声，那么，这个蚊子无论怎么在耳边嗡嗡直叫，也不会导致出现直升机的梦境，而会以相关或相似的其他情境来提示机体，比如狂风怒吼的声音或风扇工作的嘈杂声。

总之，人的神经系统会以一种能够引起人警觉的方式，将外部刺激传递给大脑神经中枢，由中枢神经系统判断是否要立即醒来。相比较而言，身体内部产生的刺激形成的梦境比较简单直接，而由外界刺激所引发的梦境则会通过从记忆系统中寻找相关经验进行夸张地表达，进而达成警示有机体的最终目的。

在第一章中，我们已经讲过了，梦的形成无外乎三个方面的原因：一是生理原因，即机体内部的刺激；二是物理原因，即来自外界环境的刺激；三是心理原因，即压抑愿望的表达。认知心理学更加强调梦境形成的脑生理机制，即着重考虑生理原因与物理原因对梦境形成的影响。而大多数初学释梦技术的人，最容易犯的一个错误就是一拿到梦就直接从心理原因开始着手分析。这样分析就等于你已经默认了一个前提假设，即这个梦的形成只是由心理原因引发的，这样一来，犯错误的概率就会大大提高。一般来说，我在拿到一个梦之后，首先会在大脑里用三到五秒钟的时间去判断一下这个梦大概是由什么原因引起的，然后才开始着手分析梦，甚至还会提几个问题去排除心理因素以外的原因。

记得在读到研究生三年级的时候，有一次，我吃完饭在操场散步，突然有一个同学快步走过来，让我帮他分析一个梦，我欣然应允。

他说："昨天晚上，我突然梦到一只老鹰飞过来啄了我的屁股，我感到一阵刺痛，然后就醒了。我查了《周公解梦》，有的说凶兆，有的说吉兆，我搞不清楚，你帮我分析一下吧。"

我想了一下，然后问了一个问题："你在醒来的时候，感到屁股真的有一种刺痛吗？"

他说："是的，感到了一阵刺痛。"

我说："你不会是得了痔疮吧？"

他听完，哈哈大笑，说道："神了，这都能分析出来。"说完，他竖了一下大拇指，然后扬长而去。

类似于这样的梦我前不久也做了一个，梦的内容很简单：我梦到自己吃东西时不小心将一大把混杂着土的沙子吞到嘴里，半天咳不出来，吐不干净，身体紧缩在一起，痛苦万分。

早晨起床后，正当我准备思考这个梦的意思时，妻子告诉我，昨天晚上，我咳嗽的很厉害，好像嗓子被卡住了。瞬间，我明白了，原来是这几天咽炎好像又犯了，那种感觉简直就和吞了沙土想咳却咳不出来的感觉一样。

其实，我只是先考虑了一下梦形成的心理因素罢了，没想到一个提问就让他明白了这个奇怪的梦是怎么回事儿了。或许我们从其他的角度来解释，这个梦可能会有一些不同的分析结论，但是如果从认知心理学的角度来解释，也就是说从神经生理的角度来考虑，看起来非常奇怪的梦则会在瞬间变得清晰直白。

三、行为主义学派也分析梦

行为主义是美国现代心理学的主要流派之一，也是对西方心理学影响最大的流派之一，主要以人的行为为主要研究对象。在我们传统的观念中，行为主义摒弃了对人内心看不见、摸不着的意识问题的分析和反省，转而去研究人类可形可见的行为，认为行为是可以测量的，也可以用数学的方法来表征，所以更加贴近科学。

长期以来，行为主义的发展经历了以华生为代表的古典行为主义、以斯金纳为代表的新行为主义和以班杜拉为代表的新行为主义三个发展阶段。不过令人感到遗憾的是，行为主义对梦一直采取忽视的态度，几乎从来不去关注梦。

在我看来，作为一个举足轻重的心理学学派，对梦不能熟视无睹。尽管行为主义心理学从一开始就放弃了研究梦，但我还是从历代行为主义大师的代表性观点中看到，行为主义的理论观点其实是可以用来分析梦的，甚至可以发展出一些独特的释梦方法。

比如说，从行为主义的观点来看，人类的记忆不光是存储在大脑的神经系统当中，还会被存储在肌肉和骨骼当中，形成肌肉记忆。肌肉记忆一旦产生，就会形成条件反射，其遗忘的速度将会非常缓慢。倘若肌肉记忆是一种创伤记忆，那么，创伤记忆的表达将可能在缓慢的遗忘过程中不断地寻求集中表达，这种表达的形式是多种多样的，可能是与创伤相关的行为和语言，也可能是梦境和意象。当然，如果这些行为和语言总是找不到合适的机会表达，换句话说被压抑了或被遗忘了，那么，创伤记忆的表达通道就可能被转移到梦中，也就是说，通过梦来表达创伤记忆的可能性会大大提升。这种情况，正好暗合了精神分析的基本释梦观点。

因此，我们有理由相信，从某种意义上讲，梦中的荒诞离奇的行为可能是梦者在现实中想要表达而未成功表达行为的另一种形式的延续。换句话说，现实中，一个被压抑或遗忘的行为，在梦中会以另一种形式表达出来。当然，以梦境的形式来表达的创伤记忆必然会与之前的创伤事件之间有所关联，找到并且理解这一关联，梦也就随之被解释了。倘若我们以行为的方式在现实中象征性地表演这个创伤记忆，就等于用行为方式激活肌肉和骨骼中的记忆，这样做可能会加速我们对创伤事件的回忆，促使顿悟快速形成。从这个意义上讲，从行为主义心理学的视角来研究梦在理论上是可行的。

由于有了这样的思考，我在现实中积极地去实践，果然发现：如果能把梦中的情景表演出来，增加梦者身临其境的感觉，那么，梦者顿悟的可能性就会大大增加。

记得在六年前，在一次释梦课堂上，有一名青年女性学员讲述了一个令人恐惧的梦。

> 在一个晚上，我从一辆出租车下来，准备回家。突然发现，背后有一个黑衣人，是男是女看不清楚，只觉得他一直跟着我，我走他也走，我停他也停，我转过身去，他就消失了，我心里非常害怕。于是，我匆匆跑回家，就在我开门时，发现门打不开了，黑影就在我身后。我不敢转过身去，一阵惊慌失措之后，就醒了。

类似于这样的梦，我之前也见过几个，释梦的关键在于对黑衣人的理解和对出租车的象征意义的分析，如果依据之前的经验，我应该能顺利地分析这个梦，但为了防止个人主观判断影响我对梦的分析，于是，在听完梦后，我决定用行为表演的方式来帮助梦者理解这个梦。我请一名男学员扮演这个黑衣人，然后将培训室的光线调整到最暗，其他学员保持安静。我让梦者从一个指定的座位上起来，模拟从出租车上下来，然后让黑衣人套上黑衣服、黑头套，跟在她的后面。她走，黑衣人也走；她停，黑衣人也停；她回头时，黑衣人就躲起来。大家都保持安静，一切仿佛真的进入了逼真的梦境。

当梦者走到教室门口，模拟开门的时候，黑衣人也来到了梦者身后，梦者在开门的时候突然真的产生了恐惧感，她一阵惊慌之后回过头来，说道："刚才这种恐惧和梦中的感受太像了。"

于是我立即追问："你还在什么地方体验过这种恐惧？"

她沉默了一会儿，然后低着头说："是的，还有一件事情，我也体验了这种惊慌失措的恐惧情绪。"

我又问道："能不能说说这件事呢？"

她说："不能细说，不太方便，但我明白了！其实，我也懂一点心理学，那个出租车就象征载我一程的感情，那种恐惧就是来自于那段感情的。那个黑衣人，就是来自良心的谴责，我只能这么说了！"

为了帮助学员保密，我再没有追问下去。但我知道，通过行为表演，她真的已经领悟了这个梦的意思。

课程结束后，她打电话给我完整地讲述了这段感情。她是一个公司的高级销售管理人员，36岁，已婚，并有一个可爱的孩子，夫妻感情非常好。有一次，总公司在三亚开会，她去参加了会议，结识了另一个分公司的总经理，在半个月的开会时间里，他们俩之间发生了一段恋情。事后，她觉得对不住老公和孩子，心里非常自责，尤其是在回家后，看到老公一如既往地对她好，孩子天真可爱的样子，她觉得心里非常内疚。虽然之后，他们再也没有联系过，但内心中的恐惧仍然不能解除，于是就经常做这样的梦，反复出现，不能消除。直到将这个梦拿出来分析后，噩梦才彻底消失。

四、人本主义学派无法回避对梦的分析

在许多心理学爱好者的眼里，人本主义并不关注梦。其实，人本主义对梦的研究由来已久，颇有渊源。为什么这么说呢？让我们先来了解一下人本主义学派。

人本主义心理学受现象学哲学思想的影响，于20世纪50~60年代产生于美国，由心理学家马斯洛创立，主要代表人物为罗杰斯。人本主义从一开始产生就强烈反对行为主义的环境决定论和精神分析的生物还原论思想，主张研究人的本性、潜能、经验、价值、创造力及自我实现等，被称为心理学的第三势力。罗杰斯将人本主义的理论应用于心理咨询当中，成为非指导性心理咨询流派的重要组成部分，罗杰斯也被称为“人本主义心理学之父”。

相传，罗杰斯早年非常敬佩弗洛伊德，曾慕名去找弗洛伊德去接受个人心理分析，同时也想借此机会亲身感受一下精神分析的魅力。可是，经过一段时间的体验之后，罗杰斯觉得精神分析学派的治疗对人的态度过于冷漠，分析设置非常呆板，过度地关注童年创伤，只是一味强调过去经验对人的影响而忽略了当下的存在感和价值感，不利于调动人的积极性，不利于激发人的潜能。于是他果断地中止了个人分析。

之后，罗杰斯创立了一个新的心理咨询疗法——“以当事人为中心的疗法”，也叫“来访者中心疗法”。这种疗法与精神分析的冷漠完全不同，特别强调对来访者的充分尊重和理解，关注来访者当下的体验和感受，充满了人文关怀和人本特色。

在人本主义学派的心理咨询中，释梦师有时也会关注梦的分析，不过方法与精神分析不太相同。人本主义学派受现象学哲学思想的影响较多，更加关注梦者在梦中的感受、体验，强调梦的现象学分析以及对现实的启发意义，并且

认为，梦是一种意向的意识活动，具有意向性的特点，不管梦的意向的对象是否在现实中存在，它都是客观的、有意义的。由于梦是客观的和有意义的，所以任何一个梦的所有内容都有可能不断地出现在梦境中，直到能够被我们所体验或证实。

其实，在我看来，人本主义学派的释梦师关注梦，不仅是因为其创始人罗杰斯受到了弗洛伊德的影响，而且还因为梦本身就是人们永远无法回避的一个永恒话题，尤其是对有心理问题的人来说，梦更是一个治疗的突破口或切入点。

下面，我们就以千年古梦——庄周梦蝶为例，从现象的学角度，采用人本主义学派的方法来讨论一下这个家喻户晓的奇梦。

相传从前，庄子云游各方，有一日，他困了，于是就躺在一棵大树下休息，不知不觉进入了梦境。庄子梦见自己变成蝴蝶，在空中翩翩飞舞，四处遨游，悠游自在，醒过来之后，居然分不清是蝴蝶变成了自己还是自己刚才化为蝴蝶。

后人常以此梦来比喻庄子豁达开放的气度和超然世俗的境界，并且认为此梦反映了庄子摆脱世俗约束的一种美好愿望。

通过化蝶之梦来表达一种超脱世俗的美好愿望就屡见不鲜了，最为有名的便是梁山伯与祝英台的故事了。他们同窗共读、情投意合，生前不能结为连理，只好死后化为蝴蝶相伴，以比翼双飞的蝴蝶来象征性实现生前的美好愿望。

那么，在现象学的角度下采用人本主义的方法应该如何来分析庄周梦蝶呢？在这里，我想引用张廷国教授在《“庄周梦蝶”的现象学意义》一文中对庄周梦蝶的现象学分析来说明这个问题。

张教授指出：“当我们指向经验的庄周和蝴蝶时，我们就说庄周和蝴蝶都是现实之物；而当我们指向梦中的庄周和蝴蝶时，我们就说这是虚构的，而非现实的。”

“应当注意的是，这不仅适用于确定性样式中的经验和经验判断，而且也适用于就存在样式而言的情况，如‘这是可能的’‘这是值得怀疑的’等。如果我们以经验的现实性为基础，或者说，如果我们现实地经验着，因而具有某种处于确定性样式中的现实性，并且由此而具有可疑性、可能性和或然性等，那么，所有这些其实都不过是变样的现实性而已。也就是说，是现实的可疑性、现实的可能性、现实的或然性等。但是，如果我们仍然沉浸在梦境中，那么，在梦境中，或者在被表象出来的幻想中，自然就会产生对做梦者下一步行动的猜测和怀疑，从而这一切都具有了虚构的性质。”

说到这里，可能大家仍然似懂非懂。其实，在现象学视角下，采用人本主义的方法来审视庄周梦蝶的话，我们并不看重梦中蝴蝶的象征意义，而侧重于强调庄子在梦中化为蝴蝶之后的体验和感受。这种感受可能是现实中存在的，蝴蝶也只是一种客观之物，它只是庄子体验那种超脱感受的一种载体而已。

五、且看完形学派如何分析梦

完形心理学，又被称为格式塔心理学，是西方现代心理学的主要学派之一，最早诞生于德国，后来在美国得到进一步发展。完形心理学派主张研究直接经验和行为，强调经验和行为的整体性，认为整体不等于并且大于部分之和，主张以整体的动力结构观来研究心理现象。

完形学派关注梦在心理咨询与治疗中的作用是从皮尔斯开始的。皮尔斯是德裔美籍心理学家，原先从事心理分析学派的理论研究，但是，在一次心理分析年会上，由于与其他心理学家产生理论分歧而受到了很大的打击。从此，他彻底地脱离心理分析学派，并且提出完形疗法。这种疗法的本质是“我必须对于自己的存在承担一切责任”，主张通过增加对自己此时此地躯体状况的知觉，来认识被压抑的情绪和需求，整合人格的分裂部分，从而提高对当前环境和人际关系的适应能力。

关于梦，皮尔斯有自己独到的观点。他认为：梦是人类最自发性的表现，它反映了未完成的事件，但也可能远远超越这些未完成事件或未实现的愿望；每个梦都代表着一个人存在的信息和内心的挣扎，如果梦者能了解自己的梦，那么通过梦也就很容易对自己有更深的觉察；如果能适当地处理梦境，存在的信息就会愈清楚，在梦境中，可以显露出某些遗漏的部分或逃避的方式，而这些最能反映出人格的缺失；梦里的每个人、物都代表做梦者投射的对象，梦者不需要去对梦境做分析探索，而是要把梦当作一个剧本，然后以梦里各部分的对话来做实验，梦者若能表演出内在对立的冲突面，也就能吸收它们的差异并整合这些对立的力量。

与弗洛伊德“梦是通往潜意识的一扇大门”观点不同，皮尔斯认为“梦是通向整合的大门”。在皮尔斯的影响下，多年来，完形学派形成了一整套分析梦的观点：梦，是无限度的时间跟空间，梦比我们醒着的生活有更多的维度；梦也是一个更广阔的世界，高于逻辑，富于智慧；梦中有远超过我们大脑意识的智慧，是通往自发性疗愈的大门，显示了我们需要改变、扩展和适应的地方；梦警告我们可能会发生的潜在危险，及来自健康、事业和关系的问题，而这些危险和问题，我们的大脑意识并不知道；梦会显示我们拒绝自己的部分，会显示我们哪儿出了问题，还会大量给予我们疗愈性的能量；梦能帮我们面对无法抗拒的困难并从中得到学习和提升；我们所有的梦，甚至噩梦，都指引我们朝向更健康、更真实、更令人满足的生活。

举一个例子来说明完形学派是如何理解梦的吧。

有一个男士，经过反复的思想斗争之后，将自己最近五年的积蓄全部都取出来，投资到股市当中，想趁着股市的好行情大赚一笔。结果，刚把钱投进去，股市行情大跌，加之自己经验不足，操作连连失误，没过多久就亏了一大笔，于是感到非常焦虑，在等待股票再次上涨的过程中，他整晚睡不着觉。有一天晚上，他做了一个梦。

我正在炒股，发现股票一直往下跌，朋友劝我赶紧卖（现实中并没有这样一个朋友，但在梦中却非常逼真），但自己感觉过不了多久就会反弹，于是没听朋友的劝告，趁着大盘点位比较低的时候，赶紧巨量买进。果然，没过多久，股票强力反弹，自己挣了一大笔，心中暗喜，庆幸自己没有听朋友的劝告，于是在喜悦中慢慢地醒了过来。

在精神分析学派看来，这个梦是梦者一个未实现的愿望在梦中的象征性达成。而在完形学派看来，首先，这个梦反映了梦者在现实中有一个未完成的事件——在股市中狠赚一笔。当这个想法一直没有达成的时候，与现实相关的一些情境就会出现在梦中。其次，这个梦也说明了梦者无法很好地整合在股市中赔钱和赚钱这两种不同的状态，于是就会陷入焦虑的状态中。最后，这个梦还反映出梦者在现实中对钱是非常看重的，或许梦者在当前的状态下，比以往都更需要钱的帮助。

尽管，我们可以从完形学派的理论出发，找到许多分析梦的切入点，并且能有所收获。但实际上，完形学派并不主张去直接分析梦境，而是强调要把梦境带到现实生活中使之重现。此时梦已不被当作是过去的事，而是要在当下表现出来。

在上面的梦中，完形学派的释梦师分析梦时，会让梦者在一个炒股的环境中，先成为自己，来感受买卖股票时的矛盾心理，然后再请梦者扮演朋友的角色，来体验作为朋友在梦中的感受，最后还要请梦者成为股票，来体验股票被操作过程中的感受，等等。通过诸如此类的换位思考与体验，让梦者在当下，从不同角度来感受梦境，从而引发梦者的顿悟。当梦者分别站在自己、朋友和股票的角度感受完梦境之后，会突然明白，原来自己内心的这种焦虑和担心，其实是源自于操作股票时所体验到的冲突与矛盾。梦中所谓的股票大涨，与现实中情况完全相反，那也只能是一种象征性的心理补偿和精神安慰而已。

六、家庭治疗学派也关注梦

家庭治疗学派产生于20世纪50年代。在心理治疗最初的历史中，一直有一个广为人知的潜规则：治疗师们一直非常重视对患者个人隐私的保护，治疗师甚至一直反对将患者的治疗内容向其家人透露。所以，长期以来，家庭成员一直没有被纳入治疗体系当中。

以弗洛伊德为代表的精神分析流派的治疗师将真实的家庭排除在治疗体系之外，而试图揭示患者潜意识中投射性的家庭特点；以罗杰斯为代表的人本主义学派也远离来访者的家人，他们为来访者提供了无条件的关注；以皮尔斯为代表的完形治疗学派，只关注个体当下的体验和生命中的未完成事件，而忽略了当下体验、未完成事件与家庭成员之间的联系；医院的精神科医生也不鼓励家人来访，因为这些人可能会破坏医院的良好氛围。

在这样一种大的治疗背景下，鲍恩等人开创了家庭心理治疗。该疗法以家庭成员为工作对象，实施团体心理治疗模式，将患者的家庭看作是一个有机、生动的系统，其目标是协助家庭消除异常关系和病态的沟通模式，以确保家庭功能健康有序。

家庭治疗并不着重于家庭成员个人的内在心理构造与状态的分析，而是将焦点放在家庭成员的互动与关系上，从家庭系统的角度去解释个人的行为与问题，认为个人的改变有赖于家庭整体关系的改变。

家庭治疗对梦的分析，同样也是着眼于将家庭成员的梦境放到家庭系统的大背景下进行分析理解，重点着眼于分析梦境中家庭成员的行为及互动关系，从而促使梦者顿悟。

举例来说明吧。有一个16岁的高中男生，做了一个奇怪的梦。

我梦见自己和妈妈在吃饭，突然发现，饭桌对面出现了一个猪模样的怪物跟我们一起吃，而且吃得特别快，好像在和我们抢吃的一样。我感觉特别恶心，特别生气，然后就醒了。

梦者将这个梦说完之后，反复地自言自语道："这真是一个奇怪的梦呀，我怎么会和猪在一起吃饭呢？那是不可能的事情。"

当从家庭治疗的角度来审视这个梦的时候，我发现，这个三口之家，缺少父亲的角色。于是，我就问了一句话："你和妈妈、猪模样的怪物在吃饭，那爸爸在干什么呢？"

梦者突然拍了一下脑袋，说："对了，我明白了，我爸爸平时就是一个比较脏的人，不讲卫生，不爱刷牙，不爱洗脚，而且吃饭也吃得特别快，还经常撒到桌子上，有时喜欢吃剩饭，让人非常讨厌。呵呵，看样子，我爸爸在我梦里变成了猪一样的怪物。"

我说："或许在现实中，你并不愿意，甚至不敢这样去想。但睡着之后，平时压抑在内心的真实感受就跑出来了。"

梦者说："是的，这下子就明白了！这个梦真有意思。"

七、分析心理学派研究释梦责无旁贷

分析心理学派的创始人是荣格。荣格是瑞士心理学家，曾经是精神分析学派创始人弗洛伊德的学生兼朋友，两人曾经合作发展及推广精神分析学说长达6年之久，之后荣格因为与弗洛伊德存在学术分歧，最终离开了弗洛伊德，并且创立了分析心理学。

分析心理学的核心概念是情结和原型。荣格的心理理论和思想对心理学研究影响深远，他在释梦方面提出的方法和理论对后人启发也非常大。在这里，我们给大家介绍荣格分析心理学视角下的三种释梦方法：情结释梦、原型释梦和语词联想释梦。原型释梦，我们在第二章已经讲过了，现在，我们重点谈谈情结释梦和词语联想释梦。

1.情结释梦

情结这个概念最早由荣格提出来，它是指一组挟有心理能量的心理内容聚集在一起而形成的一个特殊心理结构。情结是探索心理的一种方法，也是了解个体潜意识的重要的工具。在谈及个体潜意识时，荣格认为，个体潜意识的内容，主要是由具有强烈情绪色彩的情结构成。通过对个体潜意识的分析，荣格发现它有一个重要的特点，即个体内心中存在的一组一组的心理内容可以聚集在一起，形成一簇一簇的心理丛，荣格就将之称为“情结”。

荣格研究发现，有一些情结是个人独有的，与个人生活经历有关，打上了个人的生活烙印，需要结合个人情况进行分析。比如权力情结、抑郁情结、急性情结（突发事件引起）、慢性情结（长期积累所致）等。而另外一些情结则是大多数人都会有的，常常可以感觉到或观察出来，这些情结具有一定的共通性和大众性，常见的有自恋情结、恋母情结、恋父情结、自卑情结、西西弗斯情结等。利用情结释梦，或者叫分析梦中的情结，是荣格释梦的一个特点。

说到此处，我脑海里自然而然地想起了一个我曾经分析过的梦。记得在我研究生快要毕业的那段时间里，大家都忙着写硕士论文，突然有一天早上，我们对门宿舍的小李过来找我，让我帮他分析一个梦。

我梦见自己背着一个重重的背包往山上爬，山是沙子堆成的那种，不过，旁边有铁链子可以抓。感觉快要爬到山顶的时候，突然听到上面有许多人在说话，好像还有人在喝酒，有干杯的声音，似乎是在庆祝什么事情取得了成功。我很着急，想赶紧爬上去，一探究竟。正当我准备铆足劲爬上去的时候，链子突然断了，我一下子从上面滑了下来，我心里又急又惊，然后就醒了。

我听完这个梦，本来想从情绪入手，寻找近期发生的相关事件，进而让他顿悟。但是，我突然意识到，这个梦里面包含着一个重要的情结，在许多人身上都可以观察到，这个情结就叫西西弗斯情结。

于是，我没直接解梦，而是先给他讲述了西西弗斯情结的神话故事。西西弗斯是古希腊神话中的一个重要人物，他绑架了死神，让世间没有了死亡。这件事触怒了众神，于是，众神决定惩罚西西弗斯，让他去地狱做苦力，让他把一块巨石推上山顶。由于那巨石太重了，每每快到山顶时，巨石就由于种种原因从他的手中滑落，滚到山底。于是他只有重新下去再推。就这样，他日复一日，陷入了永无止息的苦役之中。众神认为再也没有比进行这种无效无望的劳动更为严厉的惩罚了。西西弗斯的生命就在这样一件无效又无望的劳作当中慢慢消耗殆尽。

讲完西西弗斯的故事，我补充解释道："西西弗斯情结在许多人身上都可以看到，它是用来描述一个人身上的失败情结，而且专门指那些在事情即将成功时，却由于种种缘由没能坚持到最后而导致全盘皆输的现象。中国古代有一个众人皆知的典故刚好与之相对应，叫'为山九仞，功亏一篑'，算是中国版本的西西弗斯情结。在你的梦境里，存在着西西弗斯情结的迹象，你应该是在做一件事情的时候，快要成功了，然后出现了状况，才会做这样的梦。你能在梦中表达西西弗斯情结，足以证明，你可能在生活中经常存在着类似的问题，就是做事坚持不到最后，不能取得最终的圆满成功，不能善始善终。诸如此类的问题，必然经常困扰着你。”

图 4-4　西西弗斯和他的巨石

我话还没有说完，他便不停地点头，立即接着说：“你刚才在说的时候，我脑子里就出现了一件事情。这几天，大家都在提交论文，我们宿舍的几个也都写完了，就差我了，本来再有两三天就能完工，可是昨天电脑系统突然崩溃了。我的论文存储在系统盘里，这下全找不到了，急死我了。当天晚上，就做了这个梦。其实，我早都知道论文存在系统盘会有丢失的风险，但一直没去转移，直到事发才感到痛心和后悔。你说的没错，我不光是这次存在这种情况，还有许多事情上，我都坚持不到最后，每到事情即将结束的时候，我就会有一种失败的感觉袭来，这种感觉长期影响我，让我深受其扰。今天你说了，我就明白了，我以后会想办法克服的，谢谢你！”

2.词语联想释梦

首先，来了解一下词语联想技术的来历。词语联想最早被当成一种心理测验方法来使用，也是世界上最早出现的心理学投射测试方法。其操作方法非常简单：准备一张列有许多词语的表单，包括较多方面的内容，比如金钱、方位、凶器、人际关系、时间、地点等词语，试验者读一个词语，被试回答由此词语联想到的内容，并记下他反应的时间。一个词语如果对被试很重要，其反应时间就可能延长，此时，其生理和心理指标都会发生变化。如果此时使用仪器测量，就可能会发现其心跳、血压、皮肤电阻等也随之发生各种变化，如果我们仔细观察其肢体语言，可以观察到微小的变化。如果将这些反应时间较长的单词联系起来，就可能完成对一个人心理情结的了解，也证明了人们所无法直接接触的潜意识的存在，甚至可以用来读心和识谎。

当年，荣格提出词语联想技术时，遭到了许多人的反对和怀疑。曾经有一个体面的绅士抱着试一下的态度，体验了一下词语联想技术，结果被荣格发现了他隐藏在内心多年的痛苦经历。后来，他主动向荣格讲述了这件令人不堪回首的往事。他出身于一户受人尊重的家庭，这个家庭成员单纯而又正派。有一天，他因喝醉酒与人发生争吵，便用刀刺伤了对方，结果蹲了一年牢房。后来他移居到荣格所居住的城市，这个地方没人知道这件事，而荣格是唯一知道此事的人。

绅士非常好奇地问荣格是怎么知道的。荣格就结合他的测试把词语联想技术的操作原理和过程说了一遍。原来荣格在测试中发现，年轻职员对“刀”“矛”“打”“尖锐的”“瓶”这五个单词的反应时间明显延长，超过平均时间很多。因为对“刀”“矛”反应时间延长，看来这件事与刀有关，应该使用了刀。而“尖锐的”既可涉及瓶，又可涉及刀。这里有刀、有瓶，刀用于伤人，瓶干什么？应该是酒瓶，是喝酒时伤人。打，应该是打人、打架。虽然只是几个词语，但足以把被试人的内在情结表现出来。年轻的职员听后，表示非常佩服荣格的分析。

那么，如何利用词语联想来释梦呢？道理是一样的，但操作方法却略有不同。我们需要事先准备一些词语，然后从梦的描述中寻找一些关键的词语，混在一起之后，按照荣格的词语联想测验的方法，释梦者说一个词语，梦者说一个词语，然后根据反应时间的长短来综合判断和分析，探寻梦者情结所在。甚至有个别的梦者对梦中的一些关键词语进行联想之后，会当即顿悟梦的意思。

有一次，一个小伙子来咨询，他一进来，就心事重重地讲了一个梦。

> 我梦见自己一个人走进厕所，感觉有些紧张，感觉胳膊上有些痒，于是就用手抠了几下，然后胳膊上流出了白色的血液。我当时感觉这并没有什么，可是想起来后还是感觉非常害怕，我担心这个梦会不会预示着我得了白血病。

听完这个梦后，我告诉他，白色的血液可能并不一定就代表白血病，但代表什么，我也不知道。于是，我决定用词语联想技术来帮助他理解白色和血液的意思。

明确操作程序后，测试开始了：植物—绿色，衣服—裤子，风筝—阳光，天气—大风，白色—黑色，厕所—秘密，胳膊—右手……血液—精……精神。听到这个地方，我看到他停顿了一下，好像一下子接不上来，然后猛地冒出一个词语“精神”。

我知道，他的第一反应，应该不是“精神”，而是其他的内容。于是，我就追问：“刚才你准备说精什么？”他的头先是扭到一边去，然后回过来，告诉我：“我明白这个梦的意思了，我刚才要说的是精液，然后没好意思说。我这个梦可能在说我手淫的坏习惯。这是我的心病。”

我补充一句：“你说的没错，是这个意思，你不用太担心，至少这说明你没得白血病。”

他笑着说：“词语联想真神奇，真有意思。”

八、“华山论梦”显神通

本章，我们一共讲了七个学派的释梦技术，加上之前的弗洛伊德的经典精神分析派的释梦技术，到此为止，我们已经讲了八个流派的释梦技术了。八个流派各有所长，也均有不足，都能解释各自擅长的梦，也都有难以解释的梦境。对于初学释梦的人来说，可以结合各个学派的优缺点，选择合适的释梦方法来分析梦，而不必拘泥于某一个学派的技术和方法。当然，如果能将这些学派的技术整合起来，为我所用，那应该是再好不过的了。为了让大家有一个整体的印象，下面，我们举一个例子来让大家深刻理解不同学派的技术差异、各自优长以及使用方法。

梦者是一位35岁的男性，结婚5年，夫妻关系常年不和。他的梦是这样的：“我梦到自己一个人在家里睡觉，好像肚子有点饿，于是就准备去厨房搞点吃的东西。走进厨房后，我发现厨房里居然有块冰雕，好像是一个人的模样，但看不清是谁。我用手摸了一下，感觉非常冰冷，于是赶紧缩回了手。我想过去拿东西，可是他站在过道中间，好像过不去，我不知如何是好，心里很生气，也很着急，于是就醒了。”

从弗洛伊德经典精神分析的角度来看，梦中的事物与场景充满了象征意义。一个人睡觉表示孤独；而梦中肚子比较饿，则代表了性的不满足；另外，还有人物置换，冰雕是人的模样，那一定是取代了某个人，而经常出现在家里厨房的人，很可能就是妻子；手摸到冰雕感觉到冰冷，则可能象征着妻子对他的态度非常冰冷；看不清模样，可能象征着两人的夫妻感情非常疏远；冰雕挡在路上，形象地说明了妻子已经成为梦者生活中的阻力，这让他非常生气和着急。总之，梦者一定是在生活中压抑着对妻子的诸多不满，才导致此梦产生。

《周公解梦》认为，男性梦到厨房，可能意味着妻子是一位贤妻良母，但妻子在梦中以冰雕的形象出现，则表示梦者的妻子虽然是贤妻良母，但在老公眼里却如同冰雕一般，这意味着两个人的关系并不好。所以，这个梦可能预示着两个人的感情已经低至冰点，这是两人要离婚的预兆。

在认知学派来看，这个梦之所以产生，可能是由于梦者在睡眠过程中受到了来自外界的刺激，如手被冰冷的东西刺激到，或者在深夜手伸在外面受凉了。

行为主义学派则会找两个人分别扮演梦者和冰雕，现场表演梦中的情境。让一位女士扮演冰雕，站在过道，然后让梦者扮演自己，或许梦者会产生顿悟，进而理解梦的意思。

人本主义学派认为，梦者在梦中冰冷的感受是属于梦者的真实体验，是梦者内在感受的真实表达，是与现实相对应、相一致的一种感受，理解了梦中感受的来源，也就明白了梦的意思。

完形学派则认为，梦者去厨房取食物却被挡住了去路，未能达成愿望，因此，梦者可能在现实中存在着一些未完成的事件，只不过在梦中以去厨房取食物替代了。除此之外，梦者还可以将自己想成冰雕的样子，再来感受梦境。或许，这种冰冷的感觉不是别人给自己的，而是自己给别人的。

家庭治疗学派会关注梦者进厨房的时候，其他家庭成员都有谁，他们都在做什么事情，进而引导梦者在家庭背景下思考个人感受的问题，最终促成对梦的顿悟。

荣格的分析心理学派则可能会通过词语联想技术，重点观察梦者由冰雕、妻子、生气等词语所联想到新的词语，同时还要看梦的反应方式及反应时长，然后进行综合分析，寻找梦者的内心情结，进而分析梦的深层意义。

其实，从哪个学派的角度来解释梦，那只是解释者个人的不同视角和工作需要，但是对于梦者来说，他只关注梦反映了什么问题？为什么做这样的梦？梦的意义是什么？梦能给自己带来什么样的启示？而不关注解释者使用什么样的释梦方法。

因此，我们在实际释梦中，会从不同角度来综合分析梦的意思，以促成梦者多方位、多角度的顿悟。这也是心理咨询实战派的释梦风格，也是大家学习释梦技术的最终目标。

第五章

释梦的“降龙十八掌”

你可知道，每天晚上做梦无异于有机会领受圣餐。

——荣格

研究生毕业后，同学们各自奔赴新的工作岗位，他们中的绝大多数选择了从政，而我则一意孤行，放弃了以前的工作岗位，特意选择了一所高校从事教学工作，专门讲授心理学课程。工作之余，我继续研究释梦，并先后举办各种形式的释梦培训技能班，培养了一大批释梦爱好者，收集了大量的梦例，极大地丰富了释梦的经验。与此同时，我还将几年来自己在释梦实战中的心得和释梦技巧一一归纳整理，经过先后四次补充完善，总结出了18条非常有用的释梦实战技能。那个时候，是2012年暑假，电视台正在重播电视剧《射雕英雄传》，看到郭靖的降龙十八掌非常厉害，我灵机一动，就将这十八个释梦技能命名为释梦的“降龙十八掌”。

一、抓主题，确定基调

就如同每一篇文章都有一个主题一样，每一个梦也都有一个自己的主题。为了表达这个主题，潜意识会通过各种方式，引用各种现实材料，或者捕风捉影，杜撰材料，其目的只有一个，那就是千方百计地通过梦来表达自己压抑已久的感受和想法，有时甚至不择手段。无论梦中的材料多么复杂、繁乱、离奇，其主题都是统一的、恒定的，材料存在的唯一目的就是为主题服务，集中表达主题。所以，在释梦的时候，只要我们抓住了梦的主题，确定了梦的主基调，释梦就事半功倍了。至于梦以什么样的方式来表达主题，是在一个梦中集中表达主题还是在几个梦中分散表达，这些已经显得不那么重要了。

一般来说，梦的主题可以从三个方面来共同确定：一是主要人物，即梦中涉及的所有人物以及与现实人物的置换关系；二是情绪感受，即梦者的情绪体验是什么，以及为什么会有这样的情绪体验；三是基本行为，即梦中的人物做了什么样的事情会产生相应的情绪体验。回答了这三个问题，主题基本就可以确定了。

下面，我们来看一个像连续剧一样的梦例吧。

梦例一：红衣男子来敲门

梦境描述

昨天晚上，我做了三个梦，都很短，中间有间隔，但总体上是连在一起的。起床后，我赶紧记了下来：

一个身穿红衣服的陌生男子反复使劲敲我家的门，门是紧锁着的，感觉快要被敲开了，我在家里吓得不敢出来。然后就吓醒了。

醒来之后没多久，我又睡着了。一会儿，我又做了一个梦。我正在家里学习，一个长得像我高中同学模样的陌生人突然来到我家窗子外面，并且使劲地敲击玻璃，让我打开窗子。我不愿意打开，他就做出了想从窗口翻进来的样子。我很害怕，不敢回头看他，并且拿起电话想报警，但是，电话却怎么也打不出去。我一着急，就醒了。

又过了一会儿，我再次睡着，然后又做了一个梦。我在宿舍里看电视，突然，镜头里出现了一个人，长得像《射雕英雄传》里的欧阳克，他手里拿着一条蛇朝我走了过来。电视到这里就停下了，不再往下播放了。他好像快要从电视里出来了一样，我害怕极了，于是就醒了，浑身都是汗。这次从梦中醒来之后，我再也睡不着了。

梦者背景

女，26岁，未婚，在读研究生。

梦的解释

梦者一个晚上做了三个梦，并且三个梦中的人物各不相同，因此，分析起来，略显麻烦一些。不过，同一个晚上做的梦，它们围绕的主题应该是相同的。如果根据梦中人物、梦者的情绪体验和梦中人物的活动来判断的话，这个梦的主题并不难发现：梦者受到一位男性的威胁而感到恐惧。于是，我便围绕主题连续追问，最后，梦者终于想到了一件事。

最近半年左右，有一个刚刚认识的男孩子开始追求梦者，梦者不太喜欢他，觉得这人太势利、太不懂得体贴人，而且还有大男子主义的倾向。不过，这个男孩子却丝毫没理会梦者的感受，仍然一个劲儿地穷追不舍，而且强度越来越大。梦者感到了恐惧，因为她知道，这个男孩报复心很强，如果把他逼急了，他会做出一些不负责任的事情。

当想到这儿的时候，梦者好像突然有了一种释然的感觉。她问了我一句：

“难道，梦中出现的红衣陌生男子、同学模样的陌生人、像欧阳克一样的人都是指代他吗？怪不得，这三个人带给我的感觉和追我的那个男孩子有点像呢！”

我说：“穿着红衣服或许说明了他充满了热情，而用陌生人来代表他则表示你对他并不接受，感觉并不好。而像欧阳克，则或许说明了他对你就像欧阳克在电视剧里对待他所喜欢的女人一样，有企图、好色、狠毒、不负责任，他在整个追求你的过程中，并没有带给你想要的感觉，而是让你感受到了焦虑和恐惧。”

梦者接着说：“这下子我明白了，我就是不知道这几个人是怎么回事，只要你把这三个人搞清楚，加上我自己所感受到的情绪，我就理解这个梦了。”

我说：“是呀，搞清楚人物置换关系，觉察到自己的情绪，再明白人物在梦中如何制造这种情绪的，那么，梦的主题也就确定了。有了主题，梦就好理解了。”

释梦小结

可能大家看到这个地方的时候，会思考一个问题：究竟怎么样确定梦的主题。以梦例一为例详细说明一下吧。梦者的情绪是恐惧的，梦中的主要人物是红衣陌生男子、同学模样的陌生人、像欧阳克一样的人，这三个人虽然在梦中是三个不同的人，但实际上，他们可以指代同一个人。梦中人物的基本行为是，这三个人威胁到了梦者，让梦者产生了恐惧的情绪体验。由此，我们就可以确定梦的主题是：梦者受到一位男性的威胁而感觉到恐惧。确定了梦的主基调，理解梦境就变得非常容易了。

二、找细节，寻求突破

释梦，抓主题固然重要，但并不是每一个梦的主题都非常容易抓住。有一些梦，其主题并不显而易见，也不容易总结提炼，那些非常重要的信息可能会被分散隐藏在细节当中。如果我们只顾着找主题，可能会导致细节中所隐藏的重要信息被忽略掉，从而错过重要的释梦信息节点。因此，在释梦过程中，当发现梦的主题不是非常鲜明的时候，注重从细节中寻求突破可能是一种比较好的选择。

梦例二：我与老公略显尴尬

梦境描述

我梦见和老公去超市买东西，人非常多，我们急着买完东西回来做饭，于是就跟着人流一起去挤，去排队等候。可能是由于等的时间太长，我们都显得有点不耐烦了。正当我们夹在队伍中的时候，我发现，旁边有一个看起来和我年龄差不多的时尚女性，她朝着我们的方向看了一眼。我分不清她是看我，还是看我老公，老公好像也没什么特别的反应。过了一会儿，我们买完了东西。从超市出来后，我们准备回家，车子拐过一个弯后，突然加速，看这样子，老公是准备赶绿灯灭掉前一秒通过十字路口。可是，车子快到路口时，还是被红灯拦了下来。我们俩相视而笑，略显尴尬，然后就静静地等着。车上还放着音乐，什么歌曲我忘记了，但是好像感觉在哪里听过。后面就记不清楚了。

梦者背景

疯雨者，女，36岁，已婚，公司职员，女儿上小学，兼职释梦师，夫妻感情和睦。

释梦过程

疯雨者：这个梦真奇怪，让我摸不着头脑，梦中的情境和现实中经常发生的事情很相似。我们经常在家附近的超市买东西，老公也喜欢抢红灯，有时会成功，有时会失败。或许这个梦真的只是重现我们的生活情境而已。老师，你说呢？

抚心人：看来，你真的希望这个梦只是一个普通的梦了，而实际上，一些看起来不起眼的梦，往往会蕴藏着更大的秘密，这个梦的主题并不明确，或许这个梦更值得你关注！

疯雨者：真的吗？那太好了。我还以为这个梦没有意义呢。

抚心人：或许，这个梦的重要信息被隐藏在不起眼的细节当中了。现在，你重新审视一下你的梦，然后想想，哪个地方最能引起你的关注，哪怕只是一瞬间的关注。

疯雨者：嗯……我不太清楚，好像梦中的内容都很普通，很平常。呃……不过，有两个地方引起了我的关注，一个是尴尬的感觉，另一个是那个看了我们一眼的女人。不过，这个女人我并不认识呀。

抚心人：或许她根本就没有看你，而是在看你老公，你不认识她，而你老公认识她。

疯雨者：啊？我老公认识她？！

抚心人：有可能。另外，还有一个地方非常细微，但是你却忽略了，那就是红灯。

疯雨者：红灯？！

抚心人：对，是红灯。陌生女人、红灯、尴尬，这三个细节放到一起，你会有什么感受呢？

疯雨者：难道，这个梦是在说那个事情……可是，那个事已经过去很久了，我们现在的感情非常好呀。

抚心人：那个事情是什么事情？

疯雨者：是几年前的事了，有一个女的，是我老公的同学的朋友，他们是在一次聚会上认识的，后来就经常联系，她有点喜欢我老公，还为我老公单独过了一次生日，可能还发生了亲密的行为，但我没有现场发现。后来，我发现老公与她有交往，就把老公狠狠地批评了一顿。为此，我们冷战了三个月，两个人的关系一度降至冰点。后来，他主动道歉，我的愤怒虽然没有完全消解，顾虑也没有完全打消，但我还是原谅了他，日子还得过呀！再后来，我们又慢慢地好了起来，不过，还会时不时地为与异性打交道的事情而感觉到尴尬。那这个事都已经过去了那么久了，为什么还会突然出现呢？

抚心人：这个就得问你了，或许做梦前发生什么事情让你想到了这件事，又勾起了你对往事的回忆。

疯雨者：呵呵，想起来了。在做梦之前的那天下午，我们去超市买东西，碰到了他的高中女同学，他们两个在我旁边说了大约半小时的话，好像是在谈春节同学聚会的事情。尽管当着我的面聊，而且那个女同学也不怎么漂亮，但这事还是让我有点不舒服，虽然，我知道这只是同学的正常交往，但我心里还是有点不高兴。或许，这个事情让我想起了之前的不愉快。毕竟，它们实在有许多相似之处呀！

抚心人：这就对了，这就是你的梦。老公和同学聊天的事情是一个诱因，借着这个刚刚发生的事情，表达之前压抑的感受，并且将问题隐藏在细节中，让你麻痹大意，不易发觉，潜意识可真聪明呀！不过，我们抓住了这些细节，梦就会很快被解释清楚了。这个梦在提示你，之前的事虽然已经过去了，但你心里依然非常在意老公与异性的交往，甚至在你心中还留下了阴影。

疯雨者：你说得没错，我现在一看见他与其他女人多说几句话，心里就会不舒服，甚至还在事后故意找碴。不过，一切依然在控制之中，我会掌握分寸，见好就收。呵呵，谢谢老师。

抚心人：不客气。

释梦小结

在释梦过程中，释梦师的敏锐观察力非常重要。把握全局固然必要，但捕捉细节的能力也相当关键。一些梦境与现实没有什么差异，或者直接描述的现实场景的梦，最容易让释梦师掉以轻心，误以为梦只是呈现现实，并无它意。而实际上，这种与现实琐事联系紧密的梦，通常都是将重要信息隐藏在细节之中，需要我们用敏锐的观察力去捕捉细节中的切入点。

三、抓情绪，顺藤摸瓜

关于梦中的情绪的解释与分析，我们在前面已经多次提及。此处，还需要进一步补充解释。梦中的情绪体验是不容易用象征、置换、凝缩、润饰、缩放、时空联系这六种编码机制来加工的，而更多的是直接作用于梦者的身体，让梦者产生相应的感受。

那么，是不是潜意识对情绪没有任何加工呢？也不尽然。一般来说，梦中情绪的外在表现是可以被加工的，比如用阴雨天气代表抑郁的情绪状态，用阳光明媚的晴天表示快乐的情绪状态，等等。但是，情绪体验，或者说梦者的感受却是无法被加工的，也就是说与现实是基本一致的。梦中的体验即现实中的感受，比如说梦者在梦中产生了内疚、恐惧、焦虑的感受，那么在现实中，梦者一定体验过这样的感受。正因为如此，在释梦时，我们要紧紧抓住梦者在梦中的切身感受，然后顺藤摸瓜，理解梦的意思。

梦例三：我没有拿到通知书

梦境描述

昨晚我梦见我和同事一块考研究生，我们的分数都上线了，可是他们都拿到通知书好几天了，而我还没有接到任何通知。我到处找人询问，都说不知道到底是怎么回事。眼看着就要开学了，同事们都在高兴地准备着上学的事，而我却连通知书都没有拿到。我心里非常着急，然后就醒了。

梦者背景

沧海，男，29岁，未婚，大学教师，在职研究生，准备结婚。

释梦过程

沧海：抚心人老师，我的这个梦，虽然感觉没什么让人特别揪心的地方，但总觉得有点奇怪。我研究生都快毕业了，怎么梦里却还为通知书发愁？这不可能呀！

抚心人：是呀！你都快毕业了，梦的却是为通知书的事着急，看来，这个梦另有隐情！

沧海：另有隐情？会是什么隐情呢？

抚心人：我也不好说，不过，咱们可以一起讨论。对了，你在梦中的情绪感受是什么？

沧海：有点焦虑，有点担心，害怕拿不到通知书，上不了研究生。可是，现实中我已经上了快三年了呀，我没有必要再为研究生录取的事情而担心呀！梦这么做是不是另有所指呢？

抚心人：应该是的。你有可能在为别的事情而感到焦虑！

沧海：别的事情？

抚心人：对，你想想，最近，现实生活中，还有什么事情让你感到焦虑的？

沧海：呃……你这么一说，我想起来了，还真的有一件事让我挺焦虑的。事情是这样子的，两年前，我们单位要盖新房子，所以把旧的房子分给了没有买上新房子的老师们，我也分到了一套旧房子。现在新房子已经盖好了，大多数老师都已经按照学校规定的时间搬进去了，旧房子也基本上都腾出来了，许多老师都已经入住了。可是，住我分的房子的人却依然占着那套房子，丝毫没有搬家的意思，理由是新房子刚装修完，时间太短，甲醛味太重，家里有小孩子，不宜入住。最关键的是，我们是按照学校规定的时间给自己定的婚期，眼看距婚期就剩下不到两周，这结婚用的房子还没有腾出来，旧房子还得重新装修，我担心时间不够用，心里非常着急。

这个梦，与这件事有关吗？

抚心人：你认为呢？

沧海：我讲着讲着，就觉得两件事情好像有关联，但是说不上来它们的关联是什么。

抚心人：分房子是给所有人都分吗？

沧海：是的，不过，研究生，包括在读研究生，有优先权。

抚心人：那就是说，你和研究生同事们都有资格买房子，但是人家都已经拿到房子并且已经入住了，获得了入住的资格，而你，却没有在真正意义上获得这个资格，就如同梦中没有获得研究生入学资格一样。在梦中，没有获得录取通知书，你会焦虑。在现实中，你没有获得房子的入住资格，你同样会焦虑，两者的情绪体验是一样的。最后，我还想说的是，真正让你焦虑的还不是没有获得房子入住的资格，而是由于婚期将至，再拿不到房子，结婚的大事就要受到影响了。

沧海：明白了，这下子通透了！梦真的挺有意思。谢谢老师！

抚心人：呵呵，不用谢！

释梦小结

在梦的分析中，顺着情绪感受这条线索着手，总能对梦有所突破。这是我多年来的释梦心得，也是释梦中一条恒定不变的法则。梦的形成往往是源自于对情绪体验的压抑，这部分被压抑的内容并没有被编码，而是保留了原来的面目，并且与现实中对应一致，就如同连通梦境与现实的使者一样。找到了这个使者，一切问题便迎刃而解。一句话，释梦时，千万别忽略了梦者在梦中的情绪体验。

四、点要害，一语道破

这个释梦的技巧总结实在是太偶然了。根据我一贯的风格，在对一个梦进行分析之前，我一定会问许多问题的。但是，有时候，突然来了灵感，好像一下子就能看到梦的真实意图。加之，有时时间真的很紧张，于是就只能选择冒险大胆地猜测，直击要害，一语道破天机。尽管这样做会投射自己的想法，并且出错的可能性也非常大，但是，偶尔试一下，也未尝不可。好在，我每次尝试都屡屡得手，从未失误。于是，我就将这一条心得总结为释梦的重要技能。还是以一个梦例来说明吧。

梦例四：海蜇与乌龟

梦境描述

我梦到自己来到了一家餐馆，人非常多，我们准备吃饭的时候，发现有一桌人吃的东西是海蜇。这种海蜇像深一点的盘子一样，大小如碗一样，有点像水母。就在这时，我妈妈走过来找海蜇，说给我们也做海蜇吃。海蜇好像堆放在一堆货物的最上面，当我看到它的时候，海蜇突然变成一个乌龟头海蜇身的动物了！我就觉得很奇怪。这时候，我妈妈就拿着菜刀一刀剁下去，我大声说不要啊……就醒了。

梦者背景

女，30岁，已婚，公司职员，夫妻感情良好，儿子8岁，现在又一次怀孕。

梦的解释

起初，看到这个梦后，我确实有点不太理解。但多看了几遍之后，我感觉，这个梦看起来是在说一件事情，但究竟说什么事情呢？我一时也说不清楚。然后再看看梦中先后提到乌龟头海蜇身的动物、母亲、菜刀、一刀剁下去，还有梦者自己大喊“不要啊”，我突然有一种感觉，这个梦在讲述一个女人堕胎的事情：乌龟头海蜇身的动物表示受孕，而一刀剁下去则表示做手术堕胎。

于是我就大胆地问了一个问题：“你有没有打过胎？”

梦者大吃一惊，说：“有过，不过那是十年前的事情了。”

我补充说：“与多长时间没有关系，只是当时，这对你来说是一个创伤。”

梦者沉思了一会儿，然后说：“那个时候，我正在谈恋爱，年纪还小，还没有到结婚的年龄，但是不小心怀孕了，心里非常担心。后来，家人知道了，就要求我去打胎。这个梦和这件事有关系？”

我说：“或许与你现在怀孕的事情有关？”

梦者再次吃惊地回答：“是的，我现在怀孕也是纯属意外。说实话，我特别担心这个孩子不好，想打掉，但又害怕痛苦，这种感受真是和当时一模一样。你刚才这么一说，我突然就明白了，梦真的很神奇，这样的事情都会梦出来。”

释梦小结

点要害，一语道破，这种技巧是建立在对梦的全方位把握的基础之上，更是与丰富的释梦经验分不开。在释梦中，综合多种分析结果，临机快速决断，一语击中要害是一种高级释梦技巧，更是一种心理艺术，省去了细致繁琐的分析，更容易让梦者茅塞顿开、快速领悟。尽管这种技巧看起来很管用，但是其所冒的风险也很大，没有十足的把握，不要随便开口，否则，那就不是一语道破、直击要害，而是妄加猜测、徒劳无功。所以我建议大家，这一条要慎用，否则，会闹笑话的。

五、抓重点，舍末逐本

梦，有简单的，有复杂的。简单的梦，一般来说都比较短，所反映的问题相对来说也要简单一些，而复杂的梦，通常来说都比较长，其所反应的问题也往往比较深刻、全面和复杂。面对复杂的梦境，一般释梦师都会感到焦虑，因为要将一个长梦解释清楚，不仅要花费更多的时间，而且还要投入大量的心力。要想让复杂冗长的梦境解释起来不绕圈子、少费功夫，最好的方法便是抓住重点，提纲挈领，舍末逐本，这样才能促使梦者领悟，实现快速突破。

梦例五：我的口味有点重

梦境描述

我梦见以前跟我一起实习的一个心理老师（称她为薇），感觉她是在一个两层楼的地方，薇说她现在身份变了，以后要跟她聊天得先通过验证，要不就不回信息了。我试着发一条信息给她，果然要电话号码验证。我觉得很麻烦。

然后又梦到我和另一个同学（称她为莉）在一起学习，莉去了一个房间，那个房间不大，有点像一个小平房，她要喝果汁。做果汁的老板娘是卖水晶的（称她为佳）。我点了我喜欢的一种果汁，只见佳用一个盆，把一些水果弄碎，好像是黄色的，然后又加了一点水，最后她让我把脚放进去，用里面的水洗几下。我想，这是什么呀，还能喝吗？但是总感觉她做的就是一种饮料。然后她又兑上一点水，我感觉有点恶心。屋子里还有一些其他的材料，我一转头，看到一个圆的玻璃罐里泡了一些玉米粒，然后又发现里面竟然还有一只很大的蟑螂，肚子贴着玻璃，是白色的，非常恶心，我感觉很难受。我最讨厌的就是蟑螂了。我指着那罐子里的蟑螂问佳，你的果汁里面有没有放这个东西？说话时，我心里仍然一阵阵恶心。佳说没放。然后她就开始给我们倒那个果汁，倒在一个方的塑料盒子里。我心里在犹豫，这能喝吗？佳回答说，有的人脚太臭，做出来味道很呛人，不好喝，又说我的脚很干净，也没有脚气，所以，味道应该挺好的。这时，我看到那果汁有点像银耳汤的样子。我的同学莉先喝了一杯。我看她都喝了，我也喝了，没什么味道。

后来梦又切换了一下。老板娘佳又给我们拿吃的，是许多烤串儿之类的东西。我心想，我也没点什么呀，她怎么就给我拿上来这么多东西？这时，我看到放罐子的下面有柜子，里面有好多肉串，好像是生的。我问，这些都是我们的吗？佳说，是的。我心想，我没点那么多呀。我告诉她不要了。但佳说，我帮你烤了再打包拿回去吃。

接下来，我又梦到在房间的上面，像是还有一栋房子，好像是影视明星李小璐跟一个男的面对面坐着。他们商量着什么，好像是说准备开始杀人。楼上好像有好几个人。男的问，为什么杀人呢？结果不知怎么的，过了一会儿，就死了一个人，是个女的。大家就开始相互猜忌，然后相互杀起来。在出门的口上，有个楼梯，有一个男人在门口的楼梯上被乱枪打死了。我被吓醒了。

梦者背景

女，30岁，已婚，未育，夫妻关系和睦，但原生家庭不和睦。

梦的解释

这个梦是梦者在课堂上报告的梦，需要当堂分析解释。梦者报告这个梦前后大约用了十分钟时间，后面的说完了，前面的梦我也就忘得差不多了。这个梦内容冗长，细节太多，人物关系复杂。整个梦听完后，基本没有直观的整体感觉，只觉得确实如梦者本人所说：这是一个重口味的梦！

经过对梦中相关情境和细节的详细询问之后，我决定采取“找重点，舍末逐本”的方法来分析这个梦。

梦的第一段中提到了关于验证信息后才能与薇聊天的情况，从形式上看，这表示梦者与某人沟通时存在着障碍，这算是梦的第一个重点。

第二段梦描述了让梦者感到恶心的果汁制作过程，梦中这种恶心的感觉非常清晰，现实中也一定会有，不会是指向物品，而是指向人的。也就是说，这段梦是在表达梦者对某人的恶心感受，这算是梦的第二个重点。

接下来一段的梦中描述了老板娘给他们做烤串的场景，看起来是在描述一个人对梦者的关心和照顾有点超出了预期，并引起了梦者反感，这是第三个重点。

最后这一段梦，好像是在描述一场混战的场面，并且有人死了，这是第四个重点。

一般来说，同一个晚上所做的梦，虽然各个片段侧重点不同，但其所要表达的核心思想往往是统一的。就此梦而言，四段梦境，分别有四个不同的侧重点。从表面上看，四个侧重点似乎彼此互不相干，而实际上，它们之间应该存在某种内在的一致性。也就是说，将四个侧重点合并成一个最终的重点，使其成为整个梦境的重点才是要点所在。那么，如何才能完成这一任务呢？我注意到这个梦里有两个典型的象征，一个是蟑螂，它可能象征着母亲的消极一面；另一个是老板娘，可能意指像老板一样的母亲。综合这些因素，我判断这个梦的真正的重点应该是在表达梦者与母亲的关系。顺着这个思路，我成功地揭开了这个梦的真实面目。

之后，梦者将自己领悟的过程及最终的感受写了下来，具体如下：

这个梦是我上周一凌晨做的，由于梦中的情境让我感觉有点不舒服，所以，起床时我就赶紧把这个梦记了下来。最开始的时候，我一直在觉察引起我恶心感觉的来源，尤其是梦里对环境的描述。我认为梦是反映了我对瑞城这个我生活的地方的强烈反感和不满，但因为现实生活中不得不在此生活，有时候我也会找很多理由去说服自己，然后这种冲突就进入了梦中，在梦里继续释放这种反感。我年轻时在沿海大城市创业，后来由于爱情的缘故，嫁到了瑞城这个靠近边境的小县城里，安安稳稳地过着平静的日子。其实我对瑞城这个地方是不喜欢的，不过，没有梦里所描述的那么让我感受真切。如果说梦里要表达的重点是这个主题的话，我就无法将这几段梦连起来了。于是，我就没有思路了。

后来，通过老师们的引导，终于还原了梦的本来面目：其实整个梦就是在描述我与母亲之间的关系，表达我对母亲的不满，而不是对瑞城的反感。第一段梦里的老师薇，是现实生活中的心理老师。我跟她学习过，她很有能力，看起来很年轻。在她那里学习的时候，她对我很照顾，我们是一个星座的，性格都很大方，她曾经也说过，我们两个有点像，对此，我印象深刻。和我们一起学习的另一个同学叫芳，她和我年龄最小，我们关系都不错，与这个老师（薇）的女儿也像朋友一样，所以干脆我们都管这个老师叫二妈。在梦里，这个老师可能置换了我的母亲。

梦见跟她聊天要验证的问题，我想，这是一种关系中存在隔阂的象征性表达。在现实中，我也能感受到我和她之间所存在的隔阂，当然问题是来自我的，我内心当中对她是有妒忌的，这个感觉在梦里我也是有的。在我的家里，我与母亲之间也存在着隔阂，只不过，我与母亲之间的隔阂是由于反感而产生的，但与老师隔阂则由妒忌而产生的，而梦巧妙地借助于我与这位心理老师之间的隔阂来表达我与母亲之间的隔阂。所以第一段梦的重点是想说我与妈妈之间有隔阂，而且问题是在我。

第二段梦里的老板娘，是我生活中认识的一个卖水晶的老板的爱人，她人长得年轻漂亮，但比较强势，这一点与我母亲像极了。我母亲看起来年轻漂亮，同时控制欲也很强，而“老板娘”这个词语其实表达的就是一个强势的有控制欲的女人的形象。所以，我可以断定，这个老板娘应该置换了我的母亲。

梦中提到的朋友莉是和我一起学习催眠的同学，她跟第一段梦里的老师薇也是认识的。以前一起学习的时候，我体验过一次家庭系统排列技术，我就是选她做我的代表。所以梦里这个同学就可以用来置换我自己，表达我身上的一些人格特点，可能是我身上成熟接纳这个特点吧。

果汁象征着什么呢？在老师引导下，我联想到了母亲的乳汁，所以，果汁表示了来自于母爱的滋养，也可以理解为母亲给我的精神支持。不过在这个果汁的制作过程中，把脚放到果汁里，这让我感觉到了恶心。这或许说明虽然母亲一直在照顾我，但我对她对待我的方式感到不满和反感，就像喝了泡过脚的果汁一样。梦中提到，有人在果汁里洗脚、玻璃罐里爬着蟑螂，这些都恰巧被我看到了，但却也仅仅只是看到而已，不能对它们有任何的影响，或许这说明我其实对来自于母亲的这种反感是清楚的，但也没有什么好办法可以改变，于是就只能听之任之了。

现实恰恰如此，无论我对母亲如何反感，都无力改变，或者说改变永远没有取得实质性的效果。玉米粒是我和母亲都喜欢吃的东西，蟑螂则是我和母亲都讨厌的东西。而梦中，我却看到了它们混在一起，这说明，母亲给我的爱的初衷是我喜欢的，而表达爱的方式却是让我讨厌的，两者总是混在一起，从而使得我对她又喜欢又讨厌。

梳理到此处，我突然想起来，在我们家的生活中，母亲总是能做一手好饭，让人垂涎欲滴。但是每当吃饭的时候，她却总会在一旁不停地唠叨，不停地找我和我父亲的毛病，让人吃着嘴里舒服，听着心里却很生气。并且她经常因为小事与父亲吵架，整个吃饭的过程，一边吃好吃的，一边听难听的。现在我30岁了，自我记事起，一直如此，从未改变。所以，第二段梦的重点是想说我对母亲的感情非常矛盾，喜欢与讨厌交织在一起，我只能接受，无力改变。

梦的第三段整段看起来都在说老板娘强迫我吃烧烤，而其实则是在说母亲在生活中强迫我们去吃她做的东西。现实生活中，烧烤也是母亲喜欢吃的东西，并且她认为是她喜欢的东西，我也得喜欢吃，并且想方设法让我吃。这是让我非常反感但不得不接受的事情，也是生活中让我最为头疼的一件事情。所以，这段梦的重点是在说母亲强迫我做自己不喜欢做的事情。

梦的第四段出现了李小璐，大眼睛，高个子，其实挺像我母亲的，而且我母亲也姓李，所以，李小璐也一定是置换了我母亲。梦里她希望让一位男士和她一起杀人，最后还引起了相互厮杀。我认为李小璐对面的男人是我父亲，整个梦境不是说别人的事，就是在说我母亲与父亲之间的事情，因为他们在我面前永远都像仇人一样势不两立。梦里的男人都没有表现出希望杀人的样子，就像在生活中，父亲总是处于下风并且饱受攻击的人。所以，门口楼梯上的那个被乱枪打死的人也不是别人，就是我的父亲。

现实中，与母亲吵架的过程中，父亲总是表现出一种无辜和无奈的样子，毫不夸张地说，在生活中，母亲确实在一定程度上用各种谩骂、侮辱和讽刺成功地扼杀了父亲的激情和心性。由于这种情况时常发生，并且没有规律，所以，在梦中，这一切被形象地表现为父亲被乱枪打死。

而那个死了的女人，到底是被谁杀的呢？她到底是谁呢？我想，那个人不是别人，正是我，父母对我心性的扼杀是以爱为名的一场“阴谋”，父母联手“杀”了我，他们谁都不愿意承认。我从梦中惊醒，重点表达我对母亲的恐惧，同时也存在潜在的抱怨。

至此，我茅塞顿开。原来这个梦一开始先告诉我，我和母亲之间存在着一些难以名状的隔阂，然后就讲述了这种隔阂的原因是由于我对母亲一直心存厌恶和恐惧。

接下来，又分别说明了厌恶和恐惧的来源。厌恶源自于我对母亲长期以来在生活中的某些行为习惯的不满和反感，而恐惧则是来自于自己对母亲的行为后果的深刻认识。

在现实中，母亲总是控制着我和父亲，一直以来，她都按照她的想法来严格要求和塑造着我和父亲，而根本不顾我们的感受。她先是和父亲一起联手扼杀了我的性格和希望，然后又扼杀了父亲的激情和心性。想到这里，我后背发凉，着实让我毛骨悚然，而梦醒之时，也恰恰在此刻！这可真是潜意识的杰作呀！

释梦小结

这是一个非常复杂的梦。如果要细细解释的话，还有许多细节值得深入探讨，并且也一定会有所收获。但是，我认为，作为一个释梦师，释梦达到这个程度就已经能够让梦者顿悟了。

我相信，读到此处，你也会像我和梦者一样，不得不佩服潜意识的伟大和精巧！它就像一篇散文，形散而神聚。我一直认为，潜意识就像一个心灵的工程师，梦就是他的杰作，纷繁复杂，荒诞离奇，同时又暗藏天机，妙不可言。最重要的是它并不是神秘莫测、难以理解的，而是有章有法、有规可循。从这个意义上讲，释梦的过程就是要利用人类潜意识的基本规律和特点，来挖掘梦者潜意识中压抑的内容，进而探究梦者的潜意识思维的过程和特点。而整个探索过程恰恰是梦者认识自己的重要途径和难得机遇，只不过，离开了释梦师，仅靠梦者一人，难以独自完成这个任务。

六、写出来，找关键词

一般来说，大多数人在做完梦后，可能会把梦在大脑中回忆一下，梳理一遍。不过，很少有人把梦写到本子上或者将梦整理成电子文稿。而我恰恰就养成了这个习惯。读研究生时，为了研究释梦，我一直坚持将自己的所有梦记到日记本上，并且每天早上少则花半个小时，多则花一个小时去认真分析和解释。在面对那些看起来有些难的梦的时候，仅仅在大脑中回忆和思考，往往百思不得其解，可是，一旦写出来的时候，便会对梦中的个别词汇特别有感觉。当这些词汇被组合在一起时，梦的真实意图便会浮出水面。慢慢地，我将这种做法推广到分析他人梦境的实践中，发现同样可以取得非常好的效果。

梦例六：我腿上有个伤口

梦境描述

我梦见有人指着我的腿，告诉我腿上有伤。我发现自己的腿从膝盖下到脚踝上边有一道直上直下的手指宽的伤口，外表已经裂开，裂开的肉好像已经结疤，呈黑红色。我爱人过来看了一下，说去医院看看吧。我说，没事，反正也不疼。又有其他的熟人说，这么大的伤口一定得去医院看看，万一出问题怎么办。于是，我就穿上高跟皮靴抬起腿晃了晃，对大家说，看看，我照样健步如飞。然后就醒了。

梦者背景

海洋之心，女，48岁，教师，夫妻关系良好，育有一男孩，孩子读大学。

释梦过程

海洋之心：老师，这个梦困扰我已经很长时间了，让我特别有压力，因为我凡是在天亮时做的梦，之后在现实生活都会应验。这个梦就是在天亮时做的，醒来后我一直担心自己的腿会生病。所以，我特别注意保养腿脚，经常按摩、泡脚。以前用电动洗脚盆，做了这个梦之后，我改用木桶泡脚，一直让水泡到膝盖处。之前，类似腿受伤的梦，我还做过一次，真的让人很担心。老师，你说这个梦会不会预示着我的腿真的要生病了？

抚心人：很多人都会做类似的梦，也都会有这种担心，可往往是多虑了。至于你这个梦会不会变成现实，我也不好说。我想，我们还是先来看看这个梦是怎么形成的，这个梦到底要告诉你什么意思。或许这两个问题搞清楚了，你所关心的问题也就找到答案了。

海洋之心：好的。这个梦我思考过很多次，百思不得其解，还请老师指点迷津。

抚心人：我看了文字版本的梦后，有四个词让我印象深刻，这四个词分别是：

“腿”“伤口”“不疼”“健步如飞”，这四个词组织在一起，你能联想到什么呢？

海洋之心：那就是一个人虽然受伤了，但是，这并不影响他正常的活动，依然能像正常人一样四处行走。那为什么是腿，而不是其他的部位呢？

抚心人：是呀，为什么是腿呢？腿又代表着什么呢？这正是我想问你的问题。

海洋之心：腿代表行动力吗？不是的话，腿又能代表什么呢？

抚心人：我也不好说。不过，我们都知道，中国有句古话，叫兄弟如手足，意思是说，兄弟与我们之间的关系就如同手、脚和我们的关系一样亲密。如果再拓展一下，那就是说兄弟姐妹或家人都可以被视为自己的手、脚或者腿……

海洋之心：对呀！我明白了。这个梦是说，我的家人虽然有不幸遭遇，并且对我造成了心理的创伤，但却没有真正地影响到我。

抚心人：你的家人有什么样的不幸遭遇，会对你造成心理创伤呢？

海洋之心：挺多的。我的父母生了我们兄妹四人，生活境况一般。多年前，我的父母均因病去世，这让我非常伤心。我妈妈是得抑郁症去世的，之后，父亲又得了疾病去世了。后来，我妹妹离婚了，之后也患上了抑郁症，她曾在我家生活过一段时间，然后带着女儿又嫁人了。关于父母带给我的创伤，我曾经找释梦师处理过。所以，当你说到“兄弟如手足”的时候，我大脑中首先浮现出来的是我的妹妹。

我学过易经，腿在六爻中是二爻，而二爻也表示妻子或女孩，所以，我一下子就联想到创伤是抑郁症的妹妹和她的女儿带给我的内心体验。我一直害怕自己像妹妹，总是担心自己在言谈举止方面与她相像。三年前，她离开我家后我一直没去看过她，不敢想她，关键是不知道怎么帮助她摆脱抑郁症，感觉照顾她时自己都快要疯掉了。老公对我不错，他让我去做心理咨询，有些朋友也提醒我，让我去接受心理治疗。我一直都说没事，我相信自己一定能调整好。现实中，我确实看起来像个没事人一样。怪不得梦里说我腿上有伤，仍然能健步如飞，现在我终于明白了，按照这样的逻辑来理解，梦中说伤口上“裂开的肉好像已经结疤”，这可能表示我内心的创伤不是新的，而是之前发生的事情引发的。这下子，我真的明白这个梦了！

以前，我参加过一位台湾老师的释梦课程，我也告诉了他这个梦，当时老师的解释我没有记住，反正和你解释的不一样。你刚才的那句“兄弟如手足”，让我一下子就了解到我的内在创伤在哪里。所以，我相信，这与腿没有丝毫关系，我也就再也不用担忧自己的腿了。

抚心人：看来，你之前在腿上所做的文章全都白做了，你的担心完全是多余的。

海洋之心：看来确实如此。谢谢老师！不过，老师，我仍然不知道如何摆脱腿上的这道伤痕，对此，我依然有些困惑！

抚心人：这又是另一个问题了，释梦可以帮助你领悟梦的意图，消除由梦带来的困惑，却很难通过短短的几十分钟的释梦，就彻底帮助你解决这些梦背后的问题。如果你非要我给你一个答复的话，我想，或许，接受心理治疗是一个比较合适的选择。作为帮助你释梦的释梦师，我所能做的也只能是这些了。

海洋之心：谢谢老师，我明白了。至少，通过您的解释，我现在不再担心自己的腿了，而且我还明白了自己内心创伤的根源了。

释梦小结

在释梦的实践中，面对纷乱复杂、离奇怪异的梦境，我们往往会被梦境的内容所吸引，注意力会被分散在那些曲折的情节和怪异的事物当中，从而忽略了对梦境核心意图的快速分析。如果能将梦中的关键词找出来，放在一起，再去集中分析，通常会达到事半功倍、出奇制胜的效果。

一般来说，寻找梦中的关键词比较困难，因为，它们并没什么显而易见的特征。它们可能是名词，也可能是动词，还可能是形容词；可能是人物，也可能是动物，还可能是植物；可能描述动作，也可能描述感受，还可能描述环境。不过，有一点值得关注，那就是所有的关键词组合起来，通常会形成一个比较完整连贯的意思。找到了梦中的关键词，就等于提炼出了梦中的核心思想，甚至就等于是直接解释了这个梦。

七、说两遍，寻找破绽

说两遍，寻找破绽，是我在释梦实践中的一个偶然发现。记得多年前，在一次释梦的地面培训课上，有一个学员正在报告梦的时候，突然另一个迟到的学员走进来，打断了我的思考。所以，在她勉强说完梦后，我的大脑里仍然没有形成一个完整的印象，我就让她重新讲了一遍。这一次，我发现，她对梦中一个片段的描述与之前的描述有点不太一样。于是，我就从这个不一样的地方着手提问，结果很快把这个梦解释了，并且大家都有一种出奇制胜的感觉。在今后的释梦中，我时常让梦者将梦说两遍，屡试不爽。

一般来说，将自己梦中的极少部分内容遗忘而又突然想起来的现象属于正常的心理现象，而这种现象常常就发生在梦者对自己的梦进行两次描述的时候。此时，千万不能随意放过这些重新被记起的内容，因为它们恰恰是梦的突破口，是梦中非常重要的隐性内容。从本质上讲，这种遗忘属于一种无意识阻抗，即通过忘记梦境中重要的部分，来阻止释梦师分析梦境，从而推迟或阻碍理解梦境可能引发的各种焦虑和不安。而突然又记起来梦中遗忘的部分，这似乎又表明了梦者阻抗的自我解除，或者可以将其理解为是一种潜意识的提示，提示我们："你看，释梦的突破口就在两次描述的差异之处，从这里着手最容易突破了。"

梦例七：她挡住了我的路

梦境描述

我梦见好像我接受邀请，要去一个学校搞一次心理学讲座，我准备得非常充分。正当我提着电脑，信心满满地开着车准备出发时，突然有一辆车停在我的前面，挡住了我的去路。里面下来一个人，是个女的，一身黑衣，匆匆忙忙，一下车转身就走，无视我的存在。我赶紧下车，可是她已经走得很远了。看着她远去的背影，我感觉在哪里见过，想追她但已经追不上了。我想，这车肯定是开不成了，万一迟到了怎么办？我心里非常着急，然后就醒了。

梦者背景

小青竹，女，43岁，心理机构负责人，释梦师，一家三口，关系和谐。

释梦过程

抚心人：这个梦挺有意思的，不过，你刚才说话的语速太快了，我听得不是特别清楚，能不能把梦再叙述一遍，这一次，要慢一点，尽可能将文字转换成图像来描述。

小青竹：呵呵，好的，我这次说慢一点。前天晚上，我做了一个梦，梦见好像我接受一个学校的邀请，要去给他们做一次心理学讲座，我准备得非常充分，心里非常自信。正当我提着电脑，信心满满地准备开车出发时，突然有一辆车停在我的前面，挡住了我的去路。从车上下来了一个人，是个女的，一身黑色大衣，匆匆忙忙，一下车转身就走，根本无视我的存在。我也赶紧下车，准备让她把车倒走，可是她已经走得很远了，看着她远去的背影，感觉好像在哪里见过，但叫不上名字。我当时在梦里，好像还喊了一句“朱老师”，后面就记不起来了。然后，我想追，但已经追不上了，心里非常着急，然后就醒了。

抚心人：我注意到，你第一次描述梦的时候，并没有提到叫朱老师，而这一次却谈到了。那么，这个朱老师到底是一个什么样的人？

小青竹：我也不知道，只觉得朱老师的背影有点熟悉，但又有陌生的感觉。我身边确实是有姓朱的人，但他只是我的一个朋友，不是学心理学的，更不是老师。这是怎么回事呢？

抚心人：当你听到有人喊“朱老师”的时候，你脑子里的第一反应是什么？

小青竹：对了，我在网络上讲课时，网名是小青竹，大家有时也叫我“竹老师”，难道“竹”和“朱”是同音置换？如果是这样子的话，那么，朱老师就是我了？可是，我为什么要阻止自己去讲课呢？

抚心人：这正是我想问你的，你为什么要阻止你自己去做一件信心满满的事呢？

小青竹：老师，你这样问我，我突然就知道是怎么回事了。其实，我每一次讲课的时候，无论我准备得多么充分，总有一种内心的声音在告诉我：“你不是科班出身，学历又不高，你讲心理学的课，肯定不如别人好！”所以，每次我讲课的时候，真正的障碍不是来自于外界，而是来自于自己。我尝试了许多次，一直无法逾越内心的那道坎，无法克服自己为自己设置的那道障碍。

抚心人：所以，你梦里的那个朱老师挡住你的去路后，丝毫没有让开的意思，也没有给你留下与之沟通的机会。于是便成了你眼前的一道障碍，无法克服。

小青竹：是的，多年来，这种情况一直在纠缠着我，无法摆脱，严重地影响了我的讲课效果。

抚心人：其实，这个梦还在告诉你，或许你在处理事情的时候灵活性不够，你会被一种世俗的东西束缚了手脚。在梦里，你的车既然被挡住了，那你完全可以不用开车，而去坐出租车，那样，你就不用在意车是否被挡住了。另外，你还可以选择公交车、步行，或让别人送你一程。方法很多，但你却把自己困在自己的车里，束手无策了。

小青竹：老师，你说得太对了。我也有这种感觉，就是一直没有去面对过。每次讲课时，我之前总是感觉自己能讲好，但讲课过程中，我总会以学生迟到影响我的心情、有人上厕所干扰我的思路、个人服装不得体影响状态、听课学员太少调动不起激情等各种各样的原因为借口，让自己发挥不好。一方面，确实是我处理突发情况不灵活，受外在客观因素影响太多；另外，这也与我追求完美、虚荣心太强有关。我在梦里一直想着开车去，是因为我的车比较好，开着有面子，如果我坐公交或出租会觉得不够有面子，这也是我梦中困在车里面的原因。这是我一直以来存在的问题，也是我取得成功的一大障碍。其实，所谓的不是科班出身和学历太低，那只是我找的一个讲课不成功的理由而已。现在，我明白了，如果我真的能面对自己内心的虚荣和性格中的弱点，不给自己找借口，接纳自己的不完美，拥抱真实的自己，我就一定能把课讲好。

抚心人：是的。你什么时候可以灵活处理梦境遇到的情况时，你也就克服了自己的弱点，战胜了自己，那样，你就一定能把课讲好了。

小青竹：谢谢老师。

释梦小结

在释梦过程中，听两遍的方法得结合实际情境恰当使用，如果每次释梦都要求梦者将梦讲两遍，效果就不好了，甚至还可能引起梦者逆反心理。这是释梦师释梦时候的备用招数，而不是首选技巧。所以，方法要掌握，但是要慎用。

八、倒着解，不分先后

一般来说，在释梦的时候，释梦师们都会按照从前到后的顺序依次分析，这样做，既符合人们的思维习惯，也吻合潜意识的表达逻辑。不过，有些梦在结束的时候，往往留下最重要的线索，尤其是那些做完就醒的梦，醒来的地方则会更加耐人寻味，而释梦的突破口往往就在梦结束的地方。因此，倒着解，不分先后，就是从梦醒的地方着手往前解，而不要拘泥于梦的表达顺序和习惯的思维模式。从最容易突破的地方着手，然后再向四周扩散，最后重新开始，从前往后梳理，梦境最终也会真相大白。

梦例八：我感到很惋惜

梦境描述

我梦到自己在野外抓野鸡，刚看到一只，正准备下手，发现一只狐狸跑了过来，把野鸡抓走了，我心里感觉有些害怕。然后，好像自己又来到了一条河里捉鱼，刚捉住了两条鱼，结果一不小心，两条鱼跑掉了，感觉很惋惜，还叹了一口气，然后就醒了。

梦者背景

天夏，男，46岁，国企职工，家庭关系和谐，孩子上高中。

释梦过程

天夏：这个梦真奇怪，百思不得其解，向老师求解。

抚心人：这个梦是挺奇怪的。我猛地一看，也看不懂。不过，我们慢慢分析，看看它到底要告诉你什么。

天夏：好的。老师，我全力配合你！只希望你能让我理解梦的真正意思！

抚心人：那要看你有多少悟性了！对了，你说在梦醒前，你还叹了一口气，是这样吗？

天夏：是的。感觉很惋惜的那种，两次都快要得手，然后又失手了，实在是可惜！于是，忍不住就叹了一口气。

抚心人：这种叹气的现象，在生活中常有吗？

天夏：呃……有，是的，有。我常有叹气的现象。

抚心人：一般是在什么情况下，你会叹气呢？

天夏：一般是在事情没有做好的情况下。本来可以做成的事，结果没做成，错过了最佳时机时，常常就会叹气。比如说，买股票吧，常常在高点准备卖时，又会犹豫，结果股票很快掉下来了；在最低点准备买时，也会有犹豫，结果股票又涨上来了。有时在单位也是这样，本来一个很好的机会来了，如果我能把握住，就可以升职，结果常常因为各种原因而错失机会。现在，如果又有机会来了，我不是兴奋，而是担心和害怕。

抚心人：你说经常错失机会，我倒觉得“机会”这个词，可以用“机遇”替代，因为它们是同义的。

天夏：是完全可以替代的，我一般认为，小事情叫机会，大事情就叫机遇了。可是，这与梦又有什么关联呢？

抚心人：关联太大了。从你刚才的描述中，我注意到，整个梦境恰恰就是在讲你经常在生活中错失机遇的事情。

天夏：怎么讲？

抚心人：梦的第一部分说你准备抓野鸡的时候，结果野鸡被狐狸抓走了，可以说，你错失了鸡，鸡通“机”，因为是同音；梦的第二部分说你捉住了两条鱼，结果又丢了鱼，可以说，你又失去了鱼，鱼通“遇”，也是同音。所以，“鸡”和“鱼”连在一起，其实说的就是“机遇”，你错失了鸡，丢掉了鱼，其实，这个梦应该在提示你经常在生活中错失各种机遇，而这件事成为了你的一个心结，所以，才会在梦中呈现出来。

天夏：太妙了！太对了！非常经典！看来，我必须得改正了。这么多年来，我感觉自己错失了很多机遇，一直不能扭转这个局面，现在，它居然跑到梦里来了。看来，我真的要好好思考一下这个问题了。

抚心人：呵呵。我也觉得这个梦很经典。当然，梦里面还有一些细节值得玩味。比如说，梦里的鸡是被狐狸抓走的，鱼是自己搞丢的。我大胆猜测一下，这或许意味着，一部分机遇是因为他人的因素失去的，比如说，他人狡猾得像狐狸一样，抢走了你的机遇；而另一些机遇则是由于自己不小心失去了，比如说犹豫不决、不愿冒险，等等。

天夏：完全正确！太棒了！今天真是受益匪浅！释梦真的是太有意思了！老师，你简直就是当代的周公，中国的弗洛伊德呀！

抚心人：呵呵。你的比喻倒真的是挺贴切的，不过，我倒不是说，你的赞美之辞受用，而是说，对这个梦，我确实采用了中西合璧的方法来解释，也就是说，综合运用了周公解梦的方法和弗洛伊德的理论！作为一次十几分钟的释梦，可能也只能帮助你指出梦里面所反映的问题，而真正解决问题，还需要你个人多努力！

天夏：我明白！再次感谢老师！

释梦小结

这个梦很经典！解释更经典！我们之前在《周公解梦》里谈到了梦的形成机制之一——同音，在这次释梦中也得到了恰当而又充分的应用。而且，在释梦过程中，根据梦的特点，偶尔采用倒着解，不分先后的技巧，有时真的会让释梦变得更加快捷和高效。在这个梦里，我快速地抓住梦者在清醒前叹气时的感受，从梦醒的地方着手，从后向前分析，不到20分钟，便帮助梦者揭开了梦的真实意图，让梦者深受启发。

九、按难度，先简后繁

释梦不仅可以倒着解，还可以按难度，先简后繁。梦的分析有难有易，有简有繁，且其排列并没有固定的顺序。大多数释梦师在释梦的时候，总是习惯于从梦境的开头着手分析，然后依次向下进行。其实，这种方法虽然常用，但是，偶尔也会碰到比较难的问题无法突破。在这种情况下，释梦师可以放弃按顺序释梦的习惯做法，不按顺序，按难度，先从自己认为简单的部分着手突破，然后再依次突破比较困难的部分。一般来讲，同一个梦境里的不同部分往往是相互联系、相互支撑、互为因果的，当梦境中简单的部分被理解之后，对比较复杂的部分也会产生一定的瓦解作用。所以，先理解了简单的部分，复杂的部分随后也就迎刃而解了。

梦例九：我们和马一起打麻将

梦境描述

梦见我要步行去公公婆婆家，但好像要穿过一座立交桥才能过去。我费了很大的劲，好不容易穿过了立交桥。进到公公婆婆家后，发现他们没有理我，两人好像还在合计着要算计我一下。我感觉不妙，于是赶紧逃出他们家。出来以后，我发现，门口是一条河，原来的立交桥已经不见了，但我知道自己必须回去，因为两个孩子还等我回去做饭呢。我需要游泳才能过去，可是我游泳的水平并不高，但是我下定决心，要自己游泳过去。就在这个时候，我突然看到岸边有一条小船，船夫躺在船里，用草帽盖着脸睡觉。我说了自己的意思后，船夫同意载我过去。不过，在整个划船的过程中，他好像一直用黑色的纱帽把自己的脸遮着，我看不清。我心里一直有点不踏实的感觉，但一直没有说出来。就这样，我顺利地到了河对岸。

回到家，孩子们见到我，说要我和他们打麻将，我说现在加上我才三个人，三缺一没法打。他们说，等一下就会有人来。过了一会儿，进来了一匹马，说要和我们打麻将。我勉强同意，但心里还是不怎么舒服，心里在想，人怎么能和马一起玩。但打着打着，我看到孩子们都非常高兴，我也慢慢变得感觉好起来了。

梦者背景

青青草，女，45岁，公司职员，兼职释梦师，夫妻关系一般，婆媳关系不和，有两个孩子。

释梦过程

青青草：我过去曾经学过一点释梦，对自己的梦也分析过，我想这个梦的主题肯定是在说我和公公婆婆的关系。因为现实中，我们的关系不怎么好，这个事让我挺头疼的，所在一直压抑在心里。关于这个梦，我有四个疑点，感觉非常迷惑。一是为何要过立交桥才能到公婆家；二为什么过河时变成坐船，而且那个船夫还蒙着脸；三是打麻将三缺一是怎么回事，我想里面一定有深意；四是那匹马是怎么回事。请老师指点迷津。

抚心人：你这四个问题提得非常好！如果把这四个疑点解开，这个梦也就解开了。我们先来看看那匹马是怎么回事吧，可能这个问题最简单了。你想想，马能让你联想到什么？

青青草：我倒没有想到什么。只是觉得，如果我们家打麻将三缺一，那个人一定应该是我老公才对。可是，如果是我老公的话，那这个马怎么解释呢？

抚心人：马和他之间有什么联系呢？

青青草：呵呵，他的属相是马，我明白了，原来是这么回事呀！还有，我想起来了，他以前总是说我是伯乐，他是千里马。我算是找到一点感觉了。

抚心人：那现在，你也应该能明白三缺一是怎么回事了吧？

青青草：有一点儿明白了，不过，还请老师再解释一下。

抚心人：打麻将通常表示内在关系的整合。你们一家人能在一起打麻将，这表明你们的家庭关系总体上应该是比较和谐的。不过，梦中老公是以马的形式出现，这或许表明，你在内心深处可能对他还有一些不满或鄙视。

青青草：你说得没错！我是有点瞧不起他，尤其是最近两年。我们俩是夫妻，他有什么事都不听我的话，只听他父母的话，完全不把我当回事。有时候，我甚至都准备和他离婚，可我舍不得孩子，只能和他凑合着过了。后来，我接受过一段时间的心理咨询，现在感觉好多了。

抚心人：你是说，你因为与老公关系的问题曾经接受过一段时间的心理咨询？

青青草：是呀。大约坚持了半年时间，是在网络上做的。那个咨询师还挺不错的。

抚心人：那你觉得你做心理咨询这件事与梦里的船夫是否有联系呢？

青青草：这个问题我没有思考过，我想想。如果说有联系的话，船夫是男的，咨询师也是男的。另外，在做咨询那段时间，我内心总有一种莫名的不踏实的感觉，我总担心我爱人知道我花钱做咨询会骂我，尤其还是与一位陌生男性咨询师咨询，他肯定会不高兴的。在梦里，我也有这样的感觉，我总担心别人看见我和船夫一男一女同处一船，所以心里不踏实。应该就是这两种联系吧！

抚心人：能领悟到这两点联系，已经非常不容易了！尤其是后一点，特别重要！

青青草：可是为什么船夫会把头遮掩起来呢？

抚心人：你在网络上咨询，通过什么工具？

青青草：QQ，用语音，我看不见他，只能听到声音。

抚心人：这或许就是为什么在梦里，你总是看不见他面部的原因。

青青草：呵呵，原来是这样，我明白了。

抚心人：另外，我还需要说明的是，释梦师在梦里常常会被象征性地表达为摆渡人或船夫。因为释梦师的工作就是将一个人从一种状态带入另一种状态，即从一种消极状态改变为一种积极状态。在这一点上，释梦师和船夫的工作在形式上是相似的，这就暗合了梦中船夫将你从河的一边带到河对岸一样。你从公婆家里出来的时候，内心是消极的，而船夫把你摆渡到河对岸时，你的状态就发生了改变。所以，过河后，你不再为发生在公公婆婆家的事情而焦虑了，而是去打麻将了，这表示你内心的状态已经发生了改变或者说内在关系趋于缓和。

青青草：太好了，这个梦我基本上明白了，还剩最后一个问题，那个立交桥是怎么回事？

抚心人：在梦里，面对立交桥的时候，你有什么样的感觉？

青青草：不好走！通过困难！

抚心人：现实中，你和公公婆婆存在的矛盾主要是什么？

青青草：我们说不到一块去，几乎无法沟通，尤其是在花钱方面，他们无法理解我的消费观念，我也不同意他们的消费观念。另外，还有对孩子的教育问题，以及对老公调动工作的问题，我们完全没有交集，一说就吵，一谈就崩。

抚心人：嗯，一般来说，在梦中，桥是一个典型的象征，表示连接和沟通。如果这个理解可靠的话，那立交桥就表示沟通非常困难了。原因是立交桥的结构很复杂，虽然看起来方便，但实际上行人通过并不方便，尤其是你在梦中还要步行通过，那自然是非常困难的了。这么说，你能明白吗？

青青草：真好！我这下子全部明白了，非常感谢老师！我也是一名释梦师，梦解到这个地方，我心里一下子亮堂了起来，我知道我接下来该做什么了。回头我要好好梳理一下这个梦。谢谢老师。

抚心人：相信你一定会在梳理完这个梦后有更大的收获！

释梦小结

从这个梦的分析过程来看，有时不按梦中情节的顺序，而按照梦解释的难易程度，从简单部分着手，先易后难，先简后繁，依次扩大战果，反而能出奇制胜，快速促成梦者的领悟。值得强调的是，梦中情节的难易程度，一般遵循两种排列规则：一种是按释梦师的感受进行排列，另一种是按梦者本人的感受来排列。其实，无论是哪种排列规则，都需要释梦师和梦者共同认可，才能达成共识，形成合力！

十、闭眼睛，回到梦中

心理学研究表明：人从外界获取信息依靠的感觉通道有五个，分别是视觉、听觉、嗅觉、触觉、味觉，它们获取信息的量依次是83%、11%、3%、1.5%和1.5%。其中，视觉获取信息的量是最多的，因此，人受到视觉的影响和干扰也是最多的。

在释梦的过程中，当梦境的体验不是非常准确和清晰的时候，通过让梦者在身心放松的状态下闭上眼睛，可以大大地减少从视觉获取信息的干扰，从而有效地加工内部信息，如果此时再回到梦中，梦者可以更加清晰准确地重新体验梦境，甚至可以直接理解梦境。除此之外，闭上眼睛，回到梦境当中，约等于象征性地模拟了睡眠的过程，在这个过程中，潜意识中的东西也可能会像真正的睡眠一样，不断地浮现出来。此时，不仅梦者的感受性会大大增强，而且被遗忘的内容也容易再次被回忆起来，从而促进梦者对梦的快速顿悟和全面理解。

梦例十：女厕所里的男人

梦境描述

梦见我上厕所。我来到一个宽敞的大厕所，像是学校的平房水泥厕所，匆匆进去，在靠近门口的蹲位，我看到一个人，像是男人。在他旁边还有一个空位，我没有思考就来到那个蹲位，准备解裤子时，想到身边好像是个男人，心想女厕所怎么男人也来了，感觉别扭，我赶紧放手不准备解裤子了。于是，我走到了一个有一面墙挡着的隐蔽蹲位，低头时看到蹲位下面有一些大拇指粗细的树枝。在我小便时，只见那些树枝突然下沉了，好像下面有雪，被小便融化了。突然感觉到自己排出了一股大便，是便秘干燥形成的大便，当时我很紧张，但还是感觉自己做错了，因为我本来只想解小便，却没控制住，结果解大便了，感到非常尴尬。

梦者背景

阿紫，女，46岁，中学老师，兼职释梦师，离异。

释梦过程

阿紫：老师，我怎么做了这么一个令人尴尬的梦呢？我都不好意思说。

抚心人：我也能感觉到你刚才报告梦时，是有一点尴尬，那么，在现实中有没有发生过令你感到尴尬的事情？

阿紫：呃……是有的。但不知道和这个梦又会有什么关系呢？

抚心人：究竟有什么关系，我也不好说，不过，梦是你做的，你应该知道这个关系。

阿紫：可是，我刚才在报告梦的时候，有些地方，我也记的不是特别清楚，还有一些场景总感觉似是而非。

抚心人：没关系，我们想点办法，让你对梦境的感受更加清晰一些。

阿紫：那我怎么样才能对梦境的感受更加清晰呢？

抚心人：闭上眼睛，做十个深呼吸，放松，清空大脑中的杂念，然后让自己慢慢进入梦境。

……

阿紫：我已经进入梦境了，感觉自己正在走向一个宽敞的厕所，从远处看，这个厕所就像我们学校的厕所，是水泥平房的。我来到厕所门口，感觉是急着要上厕所，所以，没顾得上太多，我一进来，就随便选了一个蹲位站了上去，同时，我看见靠近厕所门口的蹲位上有个男的，心想，一个男的怎么跑到女厕所里来了，感觉很尴尬。

抚心人：你仔细看一下那个人，看看他是谁，或像谁？

阿紫：只能看到他一个侧面，具体说不出来是谁，不过，戴着眼镜，感觉有点像我前夫。

抚心人：接下来呢？

阿紫：接下来，我没解开裤子，不过，我也没理他，我继续找蹲位。幸好有一个一堵墙一样的隔挡，我觉得这个地方挺隐蔽，可以解小便，于是我就走过去了。我蹲下时，发现下面有一些大拇指一般粗细的树枝。开始小便后，我发现树枝在下沉，心想，应该是小便融化了树枝下面的雪才导致树枝下沉的。就在这个时候，我突然感觉没收住，排出一股大便，感觉一阵紧张，尴尬极了。

抚心人：这种尴尬的感觉，在生活中的哪些事情上还体验过？

阿紫：就是跟男朋友的关系上。

抚心人：跟男朋友的关系上，能说详细点吗？

阿紫：我离婚后，很长一段时间都没有找对象，家人总劝我早日再婚。于是，我开始接触一个男性，本来只是打算先了解一下，应付家人，可是，没想到只见了一面后就一发不可收拾。他比我大五岁，刚开始见面，他对我挺好的，可是后来，他的事业遇到了挫折，我没有抛弃他，一直陪着他从人生绝望的低谷走到现在的辉煌。九年来，我几乎耗尽我所有的时间、精力和心理能量，可是他现在却像变了个人一样，对我非常苛刻。我们相处这么久，他从来没有直接答应我结婚的事情。生活中令人难忘的点点滴滴以及令人心痛的伤心往事，让我意识到我的爱给错对象了。

如果现在让我放弃他，我还真有些不甘心，但我知道，他不会马上与我结婚，这让我伤心、愤怒，同时，也让我在亲朋好友面前感觉很尴尬。这种感觉就像是在他人面前说要解小便，结果却变成了解大便，真是让人尴尬不已。这种尴尬的产生，是因为多年来，我一直不离不弃地陪着他，和他一起经历了那么多的风雨，更是因为我从小受到贞节烈女家庭教育观念的影响。

说到此处，我突然感觉到，梦中的两个蹲位可能代表了我与两个男人的关系，一个是前夫，梦中戴着眼镜，与现实中的他一样；另一个是现在的男朋友，我觉得我一直用温暖融化他，而他对我却始终很冰冷，但我一直没有灰心。在我内心里，一直想找个好男人从一而终，幸福一生，可是苍天弄人，命运不济，老天爷让我遇人不淑。前段婚姻让我如生活在炼狱一般，多年后我摆脱了各种压力阻碍，战胜了自己和家人，冲出了那个婚姻牢笼。原本以为，前半生的苦难付出能换回后半生的幸福，于是把所有的幸福希望都投注在现在的男友身上，然而这段恋情并没有像我想象中的那么完美。如果让我放弃男友，重新选择，我感觉自己做不到。我不想让我生命中出现太多男人，我也不可能再接受任何男人，因我有贞节烈女的情结在。从小家庭灌输的“好马不配双鞍，好女不嫁二夫”的封建传统教育，让我觉得两次婚姻就是我人生的污点。这也就是梦里出现尴尬的另一个深层原因。

抚心人：你说得非常好。不过，有一个问题我不太明白，你的梦里为什么要用两个蹲坑来代表前夫和男朋友？

阿紫：我也思考过这个问题，我认为，在我的意识和观念里，男性就是肮脏的，不爱干净，不收拾屋子。另外，这个梦里还梦到了蹲坑里的树枝，按照弗洛伊德的观点，蹲坑里拇指粗的树枝可能也象征着男性，蹲位则可能代表女性。所以，这个梦也象征了我对性的态度，其实，在我的传统观念里，我一直认为性也是肮脏的。

抚心人：你解释得真好！看来，你对自己的梦的理解比我深刻许多。

阿紫：主要是在闭上眼睛的时候，我感觉梦就在眼前，我就在梦里，如同现实，真真切切。我一方面是梦中人，另一方面又是释梦者，感觉这样更能把梦看清楚了，让我对梦的认识更加深刻和全面了。

抚心人：是啊。重新体验梦境，会使梦境中遗忘的内容复现，会让梦境中模糊的内容变得清晰，而那些内容恰恰非常重要。

阿紫：至此，这个梦我已经完全理解了！

释梦小结

强调一下，让梦者闭上眼睛，回到梦中，最好是能先通过做放松训练，让梦者身心彻底放松下来之后，再导入梦境。这样做，梦者对梦的体验和感受才会更加深刻，才有可能突然回忆起遗忘掉的情节。急急忙忙，不顾梦者感受，闭上眼睛后直接回到梦中，不仅会破坏梦者对梦的理解，还可能会引起梦者的阻抗，甚至影响释梦的效果。

十一、演出来，自己体会

梦是一个人做的，但通常会涉及多个人物，并且每一个人都会被赋予不同的角色和任务。当梦者清醒后，站在一个现实自我的角度来审视梦境的时候，往往很难在短时间内迅速而又准确地投入到这些不同的角色当中，去理解他们在梦中的表现及感受。但是，当我们把梦中的每一个人物都用现实中恰当的人物来替代的时候，梦者就会回归本位，无需变换角度，在表演好自己的同时，也可以看到别人的表演。这样一来，对梦境的把握就会更加准确、全面和深刻。表演梦境的意义不仅仅是让梦者身临其境地去感受，更重要的是因为表演本身会让身体也参与其中，便于激活身体细胞与骨骼中的记忆，对理解梦境作用重大。

梦例十一：教授把女儿训了一顿

梦境描述

我梦见我和教研室的一个权威的教授（他是以前教研室的老领导）坐在一起谈论一个很严肃的学术话题。突然，他女儿（在我们教研室工作的一位年轻教师）笑眯眯地过来插话，好像有些鲁莽。当时，教授看到女儿不礼貌地插话，就显示出很生气的样子，并且把女儿训了一顿，女儿灰溜溜地走了。她临走的时候，还特别回头看了一下我。当时我就觉得挺尴尬的，然后就醒了。

梦者背景

男，32岁，已婚，大学教师，讲授心理学。

梦的解释

这是我曾经的一位同事做的梦。记得有一天早晨，我刚到办公室，就看见几个同事都已经来了，并且在一起闲聊。其中一个姓汪的男老师讲述了自己的梦，想让大家帮他分析一下。于是，我提议把这个梦表演一下，由我来当导演。他们几个人刚好都没有课，便兴致勃勃地参与到这个梦的表演当中来。

我找来一个年龄大一点的张老师代表梦中的权威教授，和做梦的汪老师在办公桌前装着在谈论学术问题。突然教授的女儿小文走过来插话，张老师就把小文狠狠地教训了一顿，小文灰溜溜地走开。就在即将要离开的时候，她回头看了一下汪老师，表情尴尬，面带羞色，只见汪老师突然表情凝重起来。我赶紧问他："你想到了什么？"汪老师抿了一个嘴，一种欲言又止的样子，过了几秒钟，他才张开口说："我知道这个梦是怎么回事了。"但是，他一直没说到底是怎么回事。

在我们的一再追问下，他终于说出了自己的理解："刚才看到小文尴尬的表情时，我突然想到了自己。前不久，教研室主任安排我去办研讨会论文集的事，让我负责设计并校对封面，结果昨天，论文集出来了，封面上有一个错别字。领导很生气，狠狠地把我说了一顿，我当时感觉非常尴尬，半天说不出一个字来。我离开的时候，看了主任一眼，当时我的脸上满是尴尬。回来后，我什么也没说，结果没想到，它居然跑到梦里了。"

我补充道："看来，你的梦里，权威教授置换了现在的教研室主任，因为他们都是主任，可以相互置换。另外，你在梦中用小文来代表你自己，可见，你内心女性化的一面被激活了。"

汪老师看了我一眼，低声说："这个梦，我曾经在路上和别人说过，他们说我可能喜欢上小文了，我觉得是胡扯。刚才表演出来的时候，我突然就有了感觉，我知道小文是我性格中懦弱的一部分，是我性格中女性化的一部分。"

看着汪老师在大家面前有点尴尬的样子，我赶紧说："其实，每个男人身上都有女性化的一面，就像每个女人身上都有男性化的一面一样。只不过，要激活这一面，并不容易，只有在特定的情境下，才会有这样的感受，而当我们压抑了这种感受时，它就会在梦中表现出来。”

随后，大家又一起兴致勃勃地讨论了一阵子，然后各自去忙自己的事情了，唯独剩下汪老师仍然在记录和梳理自己的梦。

释梦小结

在释梦中，梦境表演的技术更适合团体释梦，必要时还要配以道具。常用的指导梦者表演梦境的方法有三种。第一种是让者梦者本人表演梦中的自己，其他人来表演梦境中的其他人；第二种是让梦者本人只作为一个局外人，而不参与表演梦境，梦中的所有人都让外人来替代；第三种是让梦者分别去替代不同人物，从不同的角度去感受梦境。究竟要使用哪一种方式来表演梦境，主要取决于梦境的特征、个性特点以及梦者的现实条件。

十二、反复听，找高频词

人的潜意识就像一个聪明的小孩，他会把自己认为重要的内容反复呈现给梦者，直到梦者注意到潜意识的提示为止。因此，梦者描述梦境的时候，那些反复提到的词句，其实也是来自于潜意识发出的声音。对于这些词语，往往以高频词的形式呈现出来，释梦师要予以高度关注。

高频词可能描述的是一个人名、一个地名，也可能是一个动作、一个场景；可能是一个名词、一个动词、一个代词，也可能是一个形容词；可能是一个词语，也可能是一个字，还可能是一段话。总之，在梦境描述的过程中，那些反复出现的字词句，释梦师一定要重点关注。因为，梦的核心意思可能蕴藏在这个地方，梦的突破口也可能就隐藏在这些高频词中。

梦例十二：出租车上的梨

梦境描述

我梦见好像是要打出租车去一个地方，也不知道要到哪儿去，好像车上放着一些梨，说是要梨的话就给五元钱，不要梨的话就给三元钱。我说，那我就不要梨，我掏三元钱吧。这时，我看见梨就在地上，好像是扔在那里没人要似的，于是我就拿起一个梨，挺大的，是否拿走了我也记不清楚了。

然后，出租车变成了三轮车了。路越往上走就越陡，像爬山峰一样。我回头一看，后面有人在推车，像是我爱人。我说："你别推了，不能再上了，再上你会危险的，我自己上去吧。"好像说是要上去学习什么东西，然后我自己就很顺利地上去了。上去后感觉像是进了一个教室，一进门，看见我母亲在一个房间里睡觉，另一个房间是我女儿，她像是在网络上学习。这时，我感觉挺开心的。后来就醒了。

梦者背景

长乐情，女，53岁，退休，女儿在上研究生，兼职释梦师，与爱人感情非常好。

释梦过程

抚心人：你也是释梦师，对这个梦，你有什么理解？

长乐情：最近家里在装修房子，我感觉很累，一方面想休息，另一方面又想坚持学习心理学，我的这两种矛盾的想法分别让母亲和女儿帮我在梦中实现了，所以梦中母亲在睡觉，女儿在学习。其实，她们俩都是我自己的一部分，因为我既是母亲的女儿，也是女儿的母亲。推车的人挺像我爱人，现实中，我觉得我爱人挺累的，他非常支持我学习，所以一个人承担了许多家庭重担。但是，我不想让他太累，怕他累垮了。所以，我决定自己来分担一些事情，即使这样做影响到了学习。我能理解的就这么多。然后，我有三个问题不明白。那个三元钱和五元钱怎么解释？那个三轮车是怎么回事？还有梦中的梨怎么理解？

抚心人：你理解得还挺不错的！我也跟你有同样的三个疑问。不过，你刚才在谈你的理解的时候，我注意到，有一个词语使用的频率比较高，这个词就是“学习”。所以，我想，你的梦应该是围绕着学习这件事情来进行的。你觉得呢？

长乐情：有可能吧。如果这三个疑问是围绕学习这个主题来进行的，那三轮车与学习又有什么关系呢？我最关心的是三轮车的问题，让我非常不解。

抚心人：你梦中的三轮车不是孤立出现的，它的前面是坐出租车，后面是自己爬，中间是老公推着三轮车，你坐在上面。其实这些交通工具，在梦里面的象征意义都与动力有关。如果说，你的梦是围绕学习这件事情来进行的话，而这些交通工具的意思指向动力，那么，你所乘坐的交通工具的变化，或许是暗指你在学习这件事情上的内在动力的变化情况，从最初依靠出租车司机，到后来依靠老公，再到依靠自己。应该说，你学习的动力越来越强了，越来越自觉了。

长乐情：对，非常有道理。我最初学习心理学是朋友介绍的，那个时候是跟着朋友一起考释梦师。当时，我和爱人的关系总处理不好，后来，自从学了心理咨询师后，我好像突然变了一个人，和老公及孩子的关系都非常融洽。自那以后，老公就非常支持我学习心理学，无论是网络的课程，还是地面的课程，他都非常支持，甚至有时候，还主动提醒并督促我学习。我觉得我很幸福，但也觉得学习是自己的事情，这么大人了，总不能老让老公费心。你说的没错，我在学习心理学的过程中是经历过这样的心路历程。

抚心人：说到这个地方，我更坚信我的判断没有错。在这段谈话当中，你谈到“学习”二字越来越多了，所以，三元钱、五元钱和梨必然也与学习有关。朝着这个思路，你再想想？

长乐情：有可能吧，但我不敢确定。学习早已经是我生活中一个重要的内容了。不过，学习与三元钱、五元钱有什么关系呢？与梨又有什么联系呢？

抚心人：这正是这个梦的难点所在。说起三元钱、五元钱和梨，你脑子里会想到什么呢？

长乐情：没有想到什么呀，最近一直在忙，也没有三元钱、五元钱的说法啊！与梨就更扯不上关系了。

抚心人：如果说，它们都是围绕学习展开的，你该怎么去理解它呢？

长乐情：无法理解。难以把它们与学习联系起来。

抚心人：好吧，我想想办法。现在你先闭上眼睛，放松身体，下面我说一个词，你说一个词，不要停顿，想到什么词，就直接说出来，明白了没有？

长乐情：明白。就是词语联想，我知道怎么做。

抚心人：很好，我再强调一下，我说一个词，你说一个词，不要思考，听到我说的词之后，脑子里浮现出什么词，就说什么词，不要隐瞒。

长乐情：好。

抚心人：台灯。

长乐情：电脑。

抚心人：洗手间。

长乐情：卧室。

抚心人：水杯。

长乐情：茶叶。

抚心人：天空。

长乐情：蓝色。

抚心人：桃子。

长乐情：苹果。

……

抚心人：梨。

长乐情：大庆。

抚心人：五元钱。

长乐情：三元钱。

抚心人：钱。

长乐情：费用。

抚心人：我说梨，你说是大庆，那里产梨吗？

长乐情：我家在大庆，没听说我们这里产梨呀。

抚心人：刚才我说钱，你说费用，我说五元钱，你说三元钱，我说梨，你说大庆。那它们联系在一起，应该在表达一个意思，如果它们还与学习有关，那应该是什么意思呢？

长乐情：我在学习上花的钱挺多，也不是三元钱和五元钱呀。啊！对了，应该说不是三和五的关系，而是多和少的关系。三和五，可能指我在学习的费用上的少与多。我是一个生活节俭的人，凡事都会考虑节约。

抚心人：这就对了。我说到梨时，你说大庆。梨与离同音，所以，不要梨就是不选择离开大庆。这或许说明，你是不愿意离开大庆去外地学习，目的就是想节约一些费用，待在家里，在网络上学习，可以节约一大笔费用。

长乐情：对的，是这样的。

抚心人：可是，为什么你最后又选择拿起一个大梨呢？

长乐情：我知道是怎么回事了。有的时候我很纠结，看到同学们出去学习，我也想出去，一是身体不太好，二也是考虑费用。我爱人也不太支持我出去学习，说我身体不太好，怕累病了。其实，我是想出去学习，尤其是这次行为心理分析师的培训，看到大家都去了，我也想去，但是最后还是迫于各方压力没去成。我之前大概计算了一下，如果去一趟西安，总费用大约得五千，如果选择在网络或当地学习，最多三千元。所以，梦里的三元和五元指是学习的费用，只不过用三元取代了三千，用五元替换了五千而已。

抚心人：是这样子的，你的分析确实不错。

长乐情：那我为什么手里拿了一个梨呢？

抚心人：其实你的内心还是想离开大庆去西安学习的，但从理智上讲，你知道自己不能去，你在梦里知道自己要放弃梨，但是仍然还是想去。所以，最后就拿了一个梨，表示你真的想离开。

长乐情：对，太对了。这下子就全通了。

抚心人：好狡猾的潜意识呀！

长乐情：谢谢老师。

释梦小结

在释梦过程中，对于那些高频词一定要给予足够的重视，它们的反复出现，本身就是潜意识传递出来的信号。一般来说，高频词会反复出现，或者以相同的词出现，或者以相近的词出现。有时会出现在梦境的描述中，有时候出现在梦者对梦的理解和分析过程中。总之，发现了这些高频词，一定要高度关注，因为，它们可能是解开梦的便捷通道。

十三、看首句，提纲挈领

十多年来，我一直在坚持释梦，从来没有停歇过。经由我本人释过的梦约在5000个以上。从大量的释梦案例中，我发现了一个特别有意义的规律：大多数梦的第一句都蕴含着整个梦的中心思想。梦就像一篇议论文一样，一开头首先交待核心论点，然后依次呈现论据，并分层次论证。值得一提的是，梦境的首句也是梦的一部分，它同样会使用梦的编码机制进行编码，让人不易理解。有时，为了理解梦的第一句，我们需要先理解所有梦境，然后回过头来看第一句，才能真正看懂。不过，那些释梦经验丰富的人总会在第一时间率先理解梦的第一句的大概意思，然后以此为依据，快速抓住梦的主要意图，起到提纲挈领、统领全局的作用。

梦例十三：我的宿舍是557

梦境描述

梦到我在学校接受培训，我的宿舍是557号。突然，对面宿舍有一个年龄大的男同学走过来，亲密地搂着我说："你今后有什么打算？"我没有什么反应。一出门，我发现门口是一个峭壁，不过有很高的台阶，而且我身后好像有老人和小孩同行，我总担心他们掉下来。又过了一会儿，大家好像要集合了，我赶紧回宿舍，发现钥匙不对，打不开门。突然有一个声音在提醒我：入口不对，你跑到大窗上去了，下来以后就是人门。我有点犹豫，要不要下去呢？就在这个时候，突然醒了。

梦者背景

晴天露，女，43岁，教师，兼职释梦师，女儿上高中。

释梦过程

晴天露：好奇怪的一个梦呀。前后都不连贯，完全搞不明白。老师，你帮我分析一下。

抚心人：好的。梦的表面是不连贯的，但实际上内在意思往往却是连贯的。你能理解梦中的哪个部分？

晴天露：都不理解，没有什么男同学对我示过好呀。怎么会突然出现老人与小孩？又怎么会开错门呢？还有那个宿舍门牌号557，这个数字有什么意义呢？

抚心人：那我们就从梦中的门牌号开始吧。这个数字应该是有意义的。你想一想，身边谁的电话号码、QQ号、微信号、楼牌号里有这三个数字？

晴天露：我老公有两个手机号，联通手机号最后两位数字是55，我也有两个手机号，移动的手机号最后一位是7。真是巧了，这表示我们是一家人。是这样吗？

抚心人：没错。这个梦的第一句非常重要，其中隐藏着梦的主旨，可能这个梦要反映的是你的感情生活。557号宿舍，表示你们是一家人，但这可能也暗示着这一家人并不怎么和谐。因为手机号一个是联通，一个是移动，有点不一致，但号码却连在了一起。而你们俩正是因为有了这样的不和谐状态，才会出现另一个男性，他才有机可乘。接下来，你还是说说这个男性是怎么回事吧。

晴天露：他是我的初中同学，过去一直暗恋我。后来我结婚了，我和老公的感情不太好。于是，他就出现了。现在，我们俩经常在一起。不过我心里挺担心的。

抚心人：是的，梦境显示你担心会影响到家庭，影响到老人和孩子。

晴天露：是的。我觉得，我不能因为自己影响了整个家庭。

抚心人：是呀。出门碰到的峭壁就已经说明了问题，你们俩的感情之路非常难走，而且充满了危险。本来应该走大门的，可你却走了天窗，自然会觉得不合适，当然会有担心，因为爬天窗本身就是一种冒险行为。

晴天露：是呀。那我该怎么办呢?

抚心人：我也不知道。不过，梦中也有提示：下来以后就是大门。你应该能明白这其中的意思，这是来自心灵深处的声音。

晴天露：我一直在犹豫是否要结束这段感情，就像梦中最后所说的一样，我有点犹豫。不过，刚才您说完之后，我心里突然明白了，我知道该怎么办了！谢谢老师，这个梦太神奇了，分析得更神奇，我回头要好好再品味一下。

释梦小结

从这个梦的分析过程中，大家可以看出来，梦的第一句非常重要，它往往会为释梦师和梦者指明梦的方向。不过，梦的第一句也属于梦的一部分，也需要花时间去分析才能明白。快速理解梦的第一句话，实在是太重要了，需要我们综合运用之前的技术、理论和丰富的实践经验，才能真正地利用好梦的第一句的重要提示。

十四、听解释，寻找孤句

梦是梦者潜意识的杰作。梦者的潜意识一定知道梦是从何而来，只不过，有时候由于压抑、隔离等防御机制在起作用，导致梦者难以理解或者暂时不能理解自己的梦境。所以，才需要释梦师的引导。但有一点必须强调：梦者仍然是理解梦境的第一责任人。也正是基于以上的理解，我经常会在释梦时，鼓励梦者先谈谈自己对梦的理解。这是一个非常好的调动梦者积极性的方法，同时也可以借此机会判断并锁定释梦的大致方向。除个别有阻抗的梦者会将梦的理解引向别处或反方向外，绝大多数的梦者都会在梦的表达范围内说出自己的初步理解。

梦例十四：裸体女人逼我搬家

梦境描述

我梦见我和妈妈在搬家。这个房间我并不熟悉，房间里只看见一个枣红色的、老式的柜子，柜子里只有一把白色的蜡烛。接着又梦到我和妈妈在另一个房间，感觉房间坐南朝北，客厅又窄又长，感觉很不舒服。房间最西面有个供桌，桌上有点燃的香和蜡烛，还有一个果盘。我的直觉是在祭奠什么人。这时卧室门开了，走过来一位裸体的中年女性，她要靠近我妈，我就隔在她俩中间，不让她靠近。迫不得已，我把那个女人往外推了一下，我能感觉到她肌肤的冰冷。后来她坐在旁边对我说："这不是你的房子，你要离开。"我向她保证一日内搬家。然后就醒了。

梦者背景

归心舰，女，42岁，自由职业者，离婚，儿子15岁。

释梦过程

归心舰：这个梦是一年前做的，我至今印象特别深刻，这是多年来最让我难忘的梦。我之前找过好几个老师帮助我分析这个梦，都不能解开我心中的困惑。请老师帮我分析一下。

抚心人：这个梦确实有点奇怪。你能不能谈谈对这个梦的理解?

归心舰：我一点头绪也抓不住。以前有老师说，这个梦可能在讲我与妈妈之间的关系；也有老师说，这个梦在表达我对去世亲人的怀念。我自己总觉得不是这样子的，但我又说不出来这个梦到底是要反映什么问题。总之，我感觉这个梦让我恐惧。

抚心人：与梦中相似的恐惧，在现实中也有过吗?

归心舰：有过，一个人在家的时候，会感觉非常恐惧，还有就是面对陌生男人的时候，会感觉恐惧。

抚心人：还有和谁在一起的时候会有?

归心舰：和妈妈在一起时偶尔也会有吧。

抚心人：你与妈妈的关系怎么样?

归心舰：挺好的，我妈妈性子比较急，但人心地很善良，我也是那样子的。她对我挺好的，我是家里的老大，还有弟弟和妹妹，我妈经常帮助我看孩子。对了，离婚的时候，我也曾经感受到过恐惧。（突然冒出来的孤句）

抚心人：离婚?！你能不能说说离婚是怎么回事?

归心舰：这个梦与离婚这个事有关系吗?

抚心人：不知道，说说看吧。

归心舰：好。我和前夫在一个单位上班，单位属于流动单位。生完孩子后，我就辞掉了工作，在家里看孩子，结果单位里有一个女的靠近我老公。那个女人是非常有女人味的那种女人，她经常穿梭于各种男人之间，非常风骚。他们的关系发展得非常快。后来，我试图挽回我们的婚姻，结果失败了，那个女人不择手段，关键是我老公也想跟她在一起。于是，我一怒之下，就跟他大闹了一场，然后就跟老公离婚了。我感觉自己是活生生地被那个女人从家里逼走的。离婚之后，我一个人过，没有工作，还带着一个孩子，感觉非常害怕，非常恐惧。那段时间，我的情绪状态特别差。

抚心人：看来这个梦，确实是与你离婚这件事情有关。梦中的那个裸体女人，可能就是你所说的你们单位的那个女人。梦中她以裸体形态出现在你家，代表着她可能就是用这种风骚的方式明目张胆地抢走了你的老公。

归心舰：我也感觉梦中那个女人在跟我抢这个家的所有权，有点像那个女人抢我老公的感觉。那我妈妈是怎么回事呢？

抚心人：那不是你妈妈，而是你自己，是你善良的一面，潜意识是拿你妈妈来替代你善良的一面。而你保护妈妈的行为，可以理解为你在奋起反抗，维护自己的利益，保护自己善良弱小的一面。

归心舰：嗯，是这样子的，我和妈妈都是善良而又弱小的人。那蜡烛放在柜子里，然后又有祭奠的场面，又代表什么呢？

抚心人：一般来说，梦中出现的蜡烛、棍子、笔、树干等柱状物都可能象征着男性，而包、柜子等可以容纳东西的事物都可能象征着女性。而你的梦中，出现了蜡烛放在柜子里的情况，可能表示你们的婚姻和感情存在着潜在的危机。因为蜡烛本身可以算是易燃品，一旦点燃，就会烧掉柜子；而梦中的柜子又是枣红色的、老式的那种，这可能表示你们感情和婚姻生活过于传统和保守。如果把它们串起来，意思可能是说，你的婚姻和感情因为过于传统和保守而存在着潜在的危险。而梦中的房间窄长且让你不舒服，以及那个祭奠场面都在表示你在家里的感受是不舒服的、阴森的、恐惧的。祭奠表示缅怀、怀念某人，或许，这表示你和老公最早的感情非常好，而后来情况发生了变化。你所祭奠的是之前的他，那个他已经不存在了，似乎已经死了，而实际上，潜意识真正要表达的则可能是他对你已经心死了，而你对之前的他还是心存怀念的。

归心舰：老师分析得真好。终于有人理解我了。

抚心人：我们梳理一下这个梦，你会发现，这个梦一开始就告诉你，你们的婚姻，就像一捆蜡烛放在柜子里一样，存在着潜在的风险，而你在家里，由于夫妻关系不好，所以你经常感觉心里不舒服，这让你非常怀念过去他对你好的日子。那为什么会出现这种情况呢？原因就在梦的后半段，因为有一个女人，她以裸体的方式来和你争夺老公，欺负你的善良，你奋起反抗。但最终，你还是做出了让步，被迫离开这个家，而她则获得了对你老公的控制权和对家的所有权。

归心舰：这下子更加清晰了，原来是这样子的，梦真是太神奇了，谢谢老师。

释梦小结

在释梦过程中，只要引导梦者围绕梦境多思考，多表达，我们可以抓住的切入点就会多。尤其是当我们发现梦者表达过程中出现孤立的句子、词语、人名、地名、事件等信息时，一定要果断地抓住。这些看似普通的内容，如果它们以孤立的形式表现出来，则可能会有重要的线索提示，抓住它们，深入下去，往往能取得出其不意、事半功倍的效果。

十五、会示弱，以退为进

很多人都会有一个错误的观点:释梦是释梦师的任务，只要梦者把梦提供给释梦师，解释与分析就成了释梦师的任务。其实，释梦就像跳双人舞一样，你退我进，我退你进，你转我引，我倒你牵，只有双方合作默契，才能跳出真正的具有艺术特质的舞蹈来。释梦不仅仅是一门技术，更是一门艺术。在这门艺术的学习过程中，我们必须要学会示弱。示弱不是装糊涂，更不是无计可施，而是把理解梦的责任恰当地分摊到梦者和释梦师两个人的身上，这是调动梦者积极性、参与性的重要手段，是释梦艺术的具体体现。倘若我们忽视了调动梦者的积极性，而一味地单打独斗，就会落入唱独角戏的俗套当中，就会活生生地把释梦变成一个梦境对应一个标准答案的填空题，或者一个梦境对应几个选项的多项选择题。但实际上，释梦既不是填空题，也不是选择题，而是需要梦者和释梦师一起参与才能完成的分析论述题。

梦例十五：遗忘的旧账

梦境描述

我梦到我正在医院的走廊里忙着什么事情，突然来了一个和尚模样的人，白白净净的样子。他走到我跟前，什么也没说，只是把手伸了一下，那意思是想让我给他一点什么东西。我不理解他想要什么，就继续忙自己的事情了。和尚等了半天，没说话，就走了。好像他还有点生气，而我则感觉奇怪。然后就醒了。

梦者背景

八一魂，男，25岁，中专学历，民营企业职员，曾经当过兵，目前未婚。

释梦过程

八一魂：老师，这样的梦已经做过不下三次了。每次都搞得我一头雾水，实在是摸不着头脑。帮我分析一下吧。

抚心人：现实当中，你与和尚打过交道吗？

八一魂：没有，去过几次寺庙，见过和尚，但从未说过一句话。

抚心人：和尚白白净净的样子能让你想到什么人？

八一魂：白白净净的人倒是挺多，但也对不上号呀，我一时也想不起来。

抚心人：最近，有什么样的事情发生，让你感觉挺奇怪的？

八一魂：你这么问，我的第一反应是没有，再一想，还是想不起来什么具体的事情。老师你再问问，我看看能不能找到感觉？

抚心人：你觉得这个和尚像谁？

八一魂：倒是有点像《天龙八部》里的虚竹。再想不起来谁了。

抚心人：看来这个梦是有点难度的。我刚才所问的那几个问题，你可能得好好想想，要不然，我也没办法了。毕竟，梦是你做的，我也只是个敲边鼓的，你才是主角。如果真想不到，也没关系，过几天我们再讨论，或许就会想起什么事情或人来了。

八一魂：最好能今天就帮我解开，要不，我这心里总不踏实。

抚心人：那就得靠你了！

八一魂：好，我们再试试。你再问几个问题，我试着认真想一下。

抚心人：在你的记忆里，有没有与和尚有关的人或事情发生？

八一魂：好像没有，不对，也有。我突然想起来一件事，但不知道与这个梦有没有关系。我在部队当兵那会儿，连队里有一个战友，曾经在少林寺待过三年，我们都把他叫和尚。和尚练了一身好功夫，人倒也算白净，而且还挺老实的。后来，他非常讨厌别人叫他和尚，但我一直在悄悄地叫，他听见了也不生我的气。可是，我们之间就没有什么太多的交往了。

抚心人：你们之间真的没有过任何值得一提的交往吗？

八一魂：没有。

抚心人：不可能，没有交往，他怎么还允许你叫他和尚呢？

八一魂：呵呵，也算有吧，不太光彩，我不想提这事了。

抚心人：没事，你说，或许与这个梦有关呢？

八一魂：我在连队时，悄悄地谈了一个女朋友，钱经常不够花。于是，我经常借钱，班里的人、排里的人都不愿意借给我。后来，我就向他借，他从来不拒绝我，少则十块、二十块，多则五十、一百，反正，他的津贴至少有一半都是我借着花了。快退伍那会儿，团里的卫生队调我过去工作，因为我入伍之前在中专学过医。之后，我们之间的联系也就越来越少了。当时我一共欠他多少钱，我自己也不知道，大概有一千多吧。

抚心人：你没打算还他吗？

八一魂：想还他，之前我就答应过他，最后退伍时，我会用退伍津贴还他。可是，他当时没能选上士官，而我留了下来，成为卫生队的士官。那会儿，我心里高兴，忘记了还钱的事，只想着如何好好表现，生怕被突然刷下来。说到这里，我突然想起来，退伍离队前的一个晚上，他曾经打电话给我，我不由分说，只是一个劲地劝他想办法留下来，还替他出了好几个主意。后来，他还是走了。也怪，那天晚上的电话里，他始终也没提钱的事。其实，我当时知道他想要钱，可是我当时身上也没钱，所以就要了小聪明。后来，我拿了工资，一直想还钱给他，可是他留下来的电话总是打不通，之后我们就失联了。我心里一直感觉欠他的，但再也找不到机会补偿了。

抚心人：呵呵，还是你厉害。你已经清楚地解释了这个梦。

八一魂：好像是这么回事。我刚才说这个故事的时候，我感觉梦已经能讲通了。

抚心人：可是我还有一点不理解。为什么在这个时候，突然做这样的梦？

八一魂：前两天，我一个堂弟刚刚从部队上退伍回来，还跟我讲部队的事情，其中还提到了他们班里有一个曾在少林寺练过几年的小伙子。当时，我就想起了我们班里的和尚。可能与这个事情有关。

抚心人：没错，这是个诱因。它让你想起了部队上的事情，想起了自己的战友。

八一魂：还有，我堂弟也是白白净净的小伙子，他也容易让我想起我的战友和尚。

抚心人：这个梦太经典了！不过，多亏了你自己，要不我也没有办法。

八一魂：都是你逼的，你说过几天再解，我都急了，呵呵。

释梦小结

梦是梦者做的，他们才是梦的主人。梦者不理解梦，是由于某些原因使得自己暂时失去了理解梦的能力，或者说他们过度地依赖释梦师的分析，自己不去独立思考梦的来龙去脉。释梦是需要梦者与释梦师共同配合才能完成好的事情。在释梦中，调动梦者的积极性，释梦的过程才会轻松快乐而又充满意义。

十六、看反应，即时切入

在释梦过程中，释梦师一般会问到许多问题，有些问题主要是用来搜集信息的，不会引起梦者的内心反应，更不会引起语言、肢体动作或行为上的反常变化。而另一些敏感问题，则可能会击中梦者潜意识隐藏的秘密，或者击中梦者内心隔离的创伤。

一般来说，涉及与梦有关的秘密或创伤时，梦者通常可能会产生两种反应，一种是应激反应，表现为语言上的转移话题、行为上的回避、肢体语言上的不适感；另一种是阻抗反应，表现为语言上的敌对、行为上的对抗、肢体语言上的逃避。这些不同寻常的反应，往往都会和提问的内容有关系。当看到这些反应的时候，我们可一定不要错过，而要和梦境结合起来，即时分析，与梦者讨论其反应与梦境所反映的问题之间的联系，进而引发梦者对梦的思考与领悟。

梦例十六：蛇闯进我的房间

梦境描述

我梦到自己正在一个人休息，房间的门虚掩着，突然感觉房门被慢慢地推开了一些，我侧身一看，有条蛇高高地抬着头滑了进来，然后慢慢地朝我爬过来。我非常紧张，想起身跑开，可是已经来不及了，蛇已经爬上了床。我一着急，就拿枕头使劲地压了一下蛇。蛇死了，身体里流出了一团一团的血液，我感觉有点恶心。突然就醒了。

梦者背景

红雨鞋，女，40岁，公务员，家庭幸福和谐。

释梦过程

红雨鞋：类似的梦已经做好多次了，令人困扰。

抚心人：每次都有恶心的感觉吗？

红雨鞋：是的。不知道为什么，这种恶心的感觉总是挥之不去。

抚心人：生活中，还有什么事情让你感觉到有类似的恶心？

红雨鞋：首先，我现在用的笔记本电脑就让人觉得非常恶心，经常莫名其妙地死机，误了我不少事。

抚心人：还有让你恶心的事吗？

红雨鞋：还有，就是单位新来了一个领导，要求特别严，事也特别多，讲话总是又臭又长，有时还指桑骂槐，让人觉得真恶心。

抚心人：这两件事确实都是让人恶心的事，但是，这种恶心与梦中的恶心感觉一样吗？

红雨鞋：是有些不一样，梦中的恶心，准确地说应该是带有一种恐惧，而那两件事里的恶心好像带着愤怒。

抚心人：这就对了，那梦中的恶心应该指的不是你刚才所说的事情。还有什么事或人让你觉得恶心吗？

红雨鞋：我想不起来。你提示一下好吗？

抚心人：你好好想想，这个人或事，你一见到它们，你就感觉到紧张、害怕，然后就会感到恶心。比如说，领导、同学、孩子、老公、朋友……

（我在说这些人的时候，每说一个都会稍做停顿，并且注意观察她的反应。结果发现，她在听到老公的时候，身体后倾，并且放在腿上的手指突然回缩，我知道，梦中的这种恶心应该与老公有关。这种身体后倾和手指回缩的反应，在行为心理学里，我们将其称为逃跑反应。就是当一个人听到或看到令人恐惧或不愿意面对的信息时会产生的一种本能反应，当事人身体不能完全逃跑时，就会有身体的某一部分象征性地逃跑，比如身体后倾、双脚回撤、手指回缩。当看到这一肢体语言表现时，我坚信自己的判断是正确的。）

红雨鞋：好像都对不上号呀。你说的那些人，我对他们没有恶心的感觉呀。

抚心人：你能谈谈与老公的关系吗？或者说说，老公有没有让你恶心的感觉？

红雨鞋：这个，这个怎么说呢？应该是有吧。

抚心人：老公怎么会有让你恶心的感觉呢？

红雨鞋：与性有关吧。我明白了，我老公是一个只重性不重情的人，而且他只顾自己，不管我的感受，这让我感觉到非常恶心，但也只能压抑在内心当中。你一提到老公，我就明白了。其实，我早就知道，蛇在梦里有性的指向，但我就是不愿去面对这件事。看来今天是无处可逃了。对了，我看过你写的《破译肢体语言密码》这本书，我突然发现，这里面的技术居然也可以和释梦技术联系起来，真的有意思。

抚心人：你明白这个梦的意思，我就不多解释了。释梦，有时不能光靠耳朵，还得靠眼睛才行。如果一边听，一边看，那梦者就没有什么可以隐藏的了。

释梦小结

在释梦过程中，梦者向释梦师传递信息的途径，远不止语言本身，肢体语言也在传递着丰富的信息。对此，我们不能视而不见，毕竟肢体语言传递的这部分信息才是真实可信的，因为它们受无意识的支配，不会说谎。如果释梦师能把梦者的肢体反应与提问的问题巧妙地结合到一起，我们也就很容易找到梦的切入点和突破口了。

十七、问现实，寻求对应

释梦过程中，最怕的就是空对空，也就是说，不能从梦中找到现实的影子，找不到梦境与现实的对应关系。梦的形成常常源自于现实的压抑，如果能将压抑的内容与梦境之间建立起某种联系，那么，梦者对梦境的领悟就可能会因此而产生。如果我们把梦看作是一个症状的表达的话，那么，建立起梦与现实之间的关联，就等于是完成了一次修通，释梦过程也就等于精神分析的过程。当然，寻找梦境与现实的对应，不是单纯只找出梦中事物的现实存在，更重要的是要寻找到梦境与现实对应关系的来源和原因。有时候，梦境会对应好几个现实问题，但是究竟哪一个，或者哪几个问题才是梦真正要表达的内容，这才是考验释梦师功力的关键环节。

梦例十七：不用开启新能量

梦境描述

我梦到和一个熟悉的女孩在一起。当时我们俩都很亲近，彼此都很想发生性关系。于是，我们就到处找一个隐蔽的地方，但找了几个地方都不合适，怕别人看到了，不方便。我们继续往前走，到前面一个村子还是没有找到合适的地方，这时，我说："算了，我们回去吧！"她好像很不愿意回去的样子。正在徘徊犹豫时，我们左边出现了一条小路通向远方，好像是去往一个很美的景区。这时我隐约看到一个老同学出现在我的面前，并说要带着我们一起去那里，我这才发现，那个女孩不见了，而出现了我的一个男同事。他带了一大包东西，说要去前面的一个农庄里住宿。然后路口出现了一台很大的核电能设备，这里面有超强的能量，它分两层，上层可以启动新能量，下层是原来储存的能量。我想下面可能没有能量了，正准备去开启上面的强大能量时，我一个同事过来说先测试下面看有没有能量，测试结果表明还有1/3的能量，不用开启新能量。

梦者背景

心之路，男，36岁，企业高管，兼职释梦师。

释梦过程

心之路：这个梦让我感觉太难以捉摸了，我也是释梦师，并且还学过释梦，但在这个梦跟前，我完全无计可施。老师帮我分析一下。

抚心人：梦中谈到的女孩，现实中有这样的人吗？

心之路：噢，起初我自己一直想不起来有没有，不过，你刚才这样问的时候，还真让我想起一个人！她是我们公司的一个员工，算是我的下属吧。

抚心人：你们的关系如何？

心之路：我们的关系正如梦中所描述的，我们彼此都有好感，就是一直没有找到合适的机会在一起发展属于我们的感情。前不久，她突然宣布结婚。我感到有些失望，我们的感情也随之结束，只能回到以前的关系中。这一段，我倒觉得和现实完全对应起来了，挺好理解的。只是后面，这个老同学，看起来有50多岁，让我觉得非常难以理解，我没有这么大的同学。

抚心人：或许，她不是你中学、大学时的同学，而是一起学习过其他知识的同学？

心之路：你这么一说，倒是让我想起来，梦中的这个同学，与现实中一起学习心理咨询的一个同学有点像。她说过，要带我们几个同学一起去做一个刚上市的品牌治疗仪，专治颈椎病、腰椎病，效果非常好，市场也非常广阔。我们几个当时一直在犹豫，到底要不要去做呢？因为现在的工作做得好好的，没必要折腾呀。但是她说可以兼职，而且听说做这个治疗仪经济效益不错，我还是有点心动。梦中的那个男同事，不是别人，就是我，因为我现在就在为这件事做前期准备。看来，我是有点心动了。如果这个事情能做开，我就可以开创一片新的天地，梦里用“很美的景区”来象征性地表达。可是，为什么后来又去测核电能设备呢?

抚心人：核电能设备可能是指一个强大的能量体，这可能与你当前的心理状态有关。核电能设备的两层能量可能暗示两种不同的态度，或者两种指向不同方向的心理能量。测量的结果是储存的能量还有三分之一，不用开启上层的新能量。梦可能在提示你，你并不想开启新的事业篇章，因为你对当前正在做的工作还充满至少三分之一的能量。这说明，你确实尚未做好全身心去做这个治疗仪的心理准备。

心之路：有道理，我一直在这件事情上犹豫的原因，是我没有做好心理准备。其实，我虽然在行动，有做准备的迹象，但一直没有实质性的行动。因为我知道，时机尚未成熟，我现在还喜欢我的工作，我不愿意为一个想象中的美好愿景而放弃当前相对安稳的工作和舒适的生活。现在，我终于明白这个梦了！谢谢老师。

抚心人：别急，还没完呢。这个梦先是谈你和那个女孩的事，然后又说治疗仪的事，这两者看起来并没有联系呀！但潜意识把它们放到一起，难道是要说两个孤立的事吗？不，不会的！应该还有其他的意义，是什么呢？这两件看起来不相关的事情，其实它们可能有相似之处，你有没有注意到呢?

心之路：相似之处？嗯，对了，是有。两件事最终都因为受到影响，而没有下定决心。

抚心人：说得再准确点，两件事，都是由于你内心的矛盾、犹豫或重重顾虑而未能实现。或许，由于矛盾和犹豫而错失机会是你的一种常态表现，或许这个问题才是最需要关心的问题。

心之路：太对了，我常常会因为做事思前想后而错失机遇，甚至会把事弄巧成拙。这确实是一个需要面对和解决的问题。

抚心人：虽然我们一次释梦不能帮助你解决问题，但至少可以帮助你指出问题所在，指明你下一步努力的方向。

心之路：明白。谢谢老师。

释梦小结

梦，源于现实，但却不同于现实。在释梦的时候，我们不能完全抛开现实，就梦论梦。如果能从梦中找到现实的对应，就好比悬在空中的双脚落到地面上一样，心里会有一种踏实的感觉。问现实，寻求对应，就是要求我们在释梦的时候，尽快找到梦境与现实的对应关系，从而快速打开解梦的便捷通道。

十八、放几天，转移注意

放几天，转移注意，这是我总结的最后一个释梦心得。意思是说，当我们用尽了前面所有的招数，仍然不能很好地理解梦的意图，或者根本就无计可施的时候，我们可以暂时把梦放几天，先把注意力集中到其他事情上去，然后，再回过头来分析原来的梦，往往会对梦产生新的理解。放几天，转移注意，看似不像一个释梦的技巧，但实际上却是一个非常有用的、以退为进的释梦技巧，连弗洛伊德当年也非常认同。他在《梦的解释》第七章中曾经谈到："梦的解释常常不会在第一回合就完全解决。在进行了一系列的联想后，我们常常会发现自己筋疲力尽，而且当天不能再由那梦中得到什么。最聪明的办法是暂时放弃，以后再继续工作；那样也许另一个梦的内容会吸引住我们的注意，并且导出另一层的梦思。这个办法也许可以称为部分的梦解析。"

尽管弗洛伊德也认同这个方法，但我还是把它放在最后一条，也是想借着这个顺序来告诉大家，这个技巧只能是最后一招。"放几天"到底是放几天呢？曾经有人这样问过我，我的回答是：放几天，或许是放一会儿，或许是放半天，或许是放一天，也可能是真的放好几天。总之，放一放，先转移注意力，然后再继续分析梦的工作，这是一个不得已而为之的好方法。

梦例十八：蛇喷射出了毒液

梦境描述

我梦见半夜去上厕所，结果发现从水箱里爬出一条黑色的蛇。我刚开始并没有害怕，一直看着它，它把头抬得高高的，也看着我，我心里有一种恐慌的感觉。突然，只见它喷射出一股毒液，喷到我身上，我猛地惊醒了，却发现没有发生任何事情。

梦者背景

男，26岁，未婚，公司职员。

梦的解释

分析这个梦的时候，我当时的水平还不够稳定和高明。梦者是我的一个咨客，有一次来的时候，他说了这个梦，我当时并没有做太多的分析，只是问了一下他的感受和想法，发现他对梦丝毫没有悟性。然后，我又做了一些猜测性的提问，也未能帮他找到合适的解释。当时，由于要讨论其他的话题，这个梦就暂时放下了，临走的时候，他还在念叨这个梦，说自己很担心梦中会暗示不好的预兆。他告诉我，等下次来的时候，他想重新讨论这个梦。我当时同意了。

等他再来的时候，未等我开口，他就直接告诉我，他有手淫的坏习惯，而且自己一直以此为耻，认为这种习惯是对身体有害的。他告诉我：直觉告诉他，那个梦与此有关。他在网上查过一些梦中的事物，“黑色的蛇”象征着男性的生殖器，“喷射出一股毒液”象征着射精，而梦中有“恐慌的感觉”，他在现实中手淫时也有类似的感受。

听到他的解释和分析之后，我表示了肯定，并且我好奇地问他，为什么突然有这样的理解。他说，上次咨询结束后的第二天，他又出现了一次手淫的现象，当时，他的脑子里马上就出现了这个梦，所以才会这样去关联。在那个时候，我才明白，释梦，有时候急不得，放几天，转移注意，为梦者理解梦赢得时间，也不失为一个以退为进的上策。

本章中所提到的十八个释梦的心得是我从长期的释梦实践中总结出来的，每一个心得都曾经解释过很多的梦。在使用的时候，不仅可以单独使用，还可以组合使用，没有难易之分，没有顺序之别，究竟使用哪一种或哪几种技巧，完全是因梦而异、因人而异，与技巧本身无直接关系。长期实践，反复操练，熟悉掌握这些技巧，任何时候，对于任何梦，总能让梦者有所领悟。

第六章

心理咨询与治疗离不开释梦

不管是谁，如果他不能解释梦中影像的来源，那么他也极不可能会了解恐惧症、强迫症或是妄想，并且不能借此给病人带来任何治疗上的影响。

——弗洛伊德

我最初研究释梦只是为了弥补作为一名释梦师在技术方面的不足，帮助咨客化解由梦所引发的心理困惑。可是，随着实践经验的日益丰富和研究的不断深入，我逐渐发现最初的想法过于简单。从梦里所看到的东西远比我们从眼睛和耳朵里所获得的信息丰富且深刻，释梦不仅可以帮助梦者解开心中的困惑，而且也可以帮助梦者认识另一个未知的自己，甚至还可以帮助有严重心理疾病的人快速打开治疗疾病的便捷通道，这些是我之前所没有想到的。长期的释梦实践反复表明，我们有条件也有能力借助梦的解释来帮助人们实现心灵成长和人格健全。

一、不懂释梦是释梦师的硬伤

许多人对梦存在困惑，或者会因梦产生焦虑、恐惧等不良情绪，甚至会引发躯体症状。梦，永远是心理咨询中无法回避的话题。不管你是行为主义学派的咨询师，还是人本主义学派的咨询师；也不管你运用认知学派的技术，还是擅长精神分析学派的技术，如果不能对咨客的梦进行有效的工作，既无法帮助咨客疏导情绪，也不能帮助咨客获得领悟，促进成长。所以，不懂释梦，是释梦师的一道硬伤。

至今，我还记得在心理咨询中经历过的一个尴尬场面。那是我在读研究生的时候，有一个朋友介绍了一个咨客来找我咨询。咨客是个男的，一个小老板，30岁出头的样子，看起来有点焦虑，坐下来谈了一会儿之后，他便说道：“前几天，我突然梦到和一个最好的朋友发生了争执，他非常生气，直接用一把大刀把我腰斩了。当时，我从梦中吓醒了。第二天起来，我总担心发生什么对我不利的事情，就去一个道观里找道士算命，道士说我今年命中有灾，需要舍财消灾，于是我给了他999元。后来还是放心不下，又去寺庙里烧香拜佛，花了666元。虽说我能做的都做了，但心里还是不踏实，最后经过别人介绍就来找你了。听说释梦师对梦都有研究，你能帮我分析一下这个梦到底是什么意思吗？”

当时，我并没有真正开始研究释梦，所以听完后，心里并没有什么想法，于是就弱弱地按照老一辈人的习惯说法，告诉他：“梦都是反着理解的，你不用担心，毕竟那只是一个梦而已，或许它代表着相反的意思。”咨客并没有说什么，但看得出，他有些失望。于是我很快地转移了话题，将咨询引到另一个他感兴趣的问题上，才勉强应付了这场咨询。其间，他两次提到这个梦，而我却一直不敢面对这个梦。

那一场咨询，虽然不是我的第一次咨询，但却是我第一次碰到咨客谈论梦的咨询。当时我那个狼狈的样子，现在想起来都羞愧难当。

自从那次咨询以后，我就开始研究释梦，认真阅读相关书籍，利用各种机会搜集梦、分析梦，坚持记录并分析自己的梦，然后去逐一分析解释。半年后，我的水平果然大有长进。其间，我陆续做过的一些咨询，其中也有咨客提出自己的梦，我都能精妙地分析，让咨客从梦中获得领悟。我确信，我已经不再担心咨客在咨询中谈梦了。

出乎意料的是，在我读研三的时候，那个梦到被朋友腰斩的咨客又来找我了，此时，距离上一次咨询已经有八个月的时间了，我的释梦水平已经大有长进。不过，他这次一进来就说，这次不打算说梦，想说点别的事情。但是在咨询结束时，他又在不经意间提起了上次那个梦，说自那次咨询以后，同样的梦还做过好多次，心里一直有一种隐隐约约的担心。我明白，他的梦还没有解开，一直在心中纠结，我打算帮他分析一下。他并没有像我想象中的那么迫不及待，只是看着我，好像在告诉我：你分析吧，我听听就是了。接下来，我问了他一些问题，经过讨论之后，他好像有所领悟。

最后，我总结性地给了他一个解释："梦中那个好朋友其实就是你自己，在梦中，人物与人物之间有相似的特点，就可以相互取代。梦中那个被斩的人虽然是你，但他也只是你性格中无法被人接受的那一部分。之前，你说过了，你现在虽然有钱了，对自己挺大方的，但是，仍然经常对朋友小气、吝啬，大家都无法接受你，不喜欢你，疏远你。其实，你自己也无法接受自己，但每一次又控制不住表现出小气的一面。你非常想改变自己的这个习惯，于是在梦中愤怒地腰斩了自己。这是你下决心改变自己吝啬性格的一种象征性表达，与灾祸无关，与未来的吉凶也无关。如果非要说它会预测未来的话，我认为，它可能预测你将会慢慢地变得越来越大方了。"

我还没有说完，就看见他连续点头，脸上露出满意的笑容。我知道，他心里的疙瘩解开了。此时，我才长出了一口气。

从此之后，我开始坚信，释梦技术非常重要，尤其是对释梦师来说，这是一个非常必要的心理咨询技术。我认为，作为一名释梦师，一定要会释梦，不懂释梦，是释梦师技术上的硬伤，尤其是精神分析学派的咨询师，更应该精通释梦技术。

在我看来，梦是通往咨客潜意识的一扇方便之门，通过这扇门，我们可以容易地了解到咨客内心当中压抑了什么东西，也能看到咨客为什么会压抑这些东西，并且最终会帮助咨客实现对压抑的释放。梦是一种语言，是潜意识的专用语言，听懂这个语言，就听懂了咨客心灵深处的声音；梦是咨客心理问题的一种隐性表达，当我们不知道咨客心理问题的症结在什么地方的时候，梦会通过另一种形式来指引心理症结所在。

二、心理咨询中对梦的工作方式：审梦

一般来说，对梦进行的工作可以从三个层次来进行区分。

第一个层次是解梦。解梦是我们日常生活中比较大众化的说法，就是由释梦师直接根据梦的字面意思与象征意义来给出一个明确的解释，化解梦者心中的困惑。周公解梦就是采用这样的方式。一般来说，解梦的准确率不是很高，但也有一定的说服力。

第二个层次是释梦。释梦是一种比较流行的说法，即释梦师与梦者进行分析对话，交流探讨，启发梦者积极参与梦境分析，和释梦师共同探寻梦的真谛。弗洛伊德所倡导的梦的解释方式就类似于此，所以，我们通常将弗洛伊德分析梦的方式称为释梦。释梦注重双方互动，反对野蛮解释，具有较好的启发性。

第三个层次是审梦。审梦对释梦师的要求比较高，经验丰富的释梦师才能自如地使用这种方法。审梦要求释梦师通过对梦境进行不同角度、不同层次的系统提问来引导梦者从多个视角审视梦境。梦者被提问扰动后，会自发地重组梦境与认知，最终为自己的梦给出一个让自己满意的解释。审梦兼具人本主义和精神分析两个学派的共同特征，可以有效地防止释梦师在释梦中发生投射现象，有利于梦者自主探索未知的心灵世界，在梦的分析工作中处在最高层次。

对梦进行哪一个层面的工作，不仅取决于梦本身的难度、性质及特点，还受梦者本人的领悟能力及配合程度的影响，另外也与释梦师的实战经验及个人水平关系密切。

在梦的分析工作中，最让人担心的事情就是释梦师发生投射，即释梦师将自己的感受和理解混入梦的本意之中，或者强加到梦者的理解之上。相比较而言，审梦可以最大限度地减少或消除释梦师的个人投射，而解梦和释梦则容易

产生投射。尽管在对梦进行工作的时候，释梦师都会尽量做到将梦本来的意思反映给梦者本人，让梦者产生领悟，可是，真正到了释梦的时候，要做到这一点并不容易，尤其是没有接受过个人分析的释梦师，总会由于个人压抑、知识经验、共情能力、反移情等原因，在不经意间将自己主观的感受投射到梦的分析中。

那么，将这样带有投射的分析与解释呈现给梦者本人，会产生什么样的影响呢?

一般来说，至少会产生以下三种影响：一是会给梦者造成新的困惑，梦者不知道要不要接受出乎意料的解释；二是梦者对自己的认识无法因这个带有投射的解释而获得提升；三是还有可能会对梦者造成新的心理伤害，使梦者对梦中的感受无法释怀。

那么，可能大家会想，审梦技术确实要比解梦和释梦更加客观、科学和高明，为什么我们不能直接学习和掌握这个技术呢？一般来说，初学梦的分析的人，都会受传统思想的约束更多一些，大多会采取梦境—解释—领悟的工作模式；而经过专业学习的人会与梦者共同探讨分析，最终形成一致理解，促成梦者领悟，从而形成梦境—提问—解释—领悟的工作模式；而深得梦分析工作精髓和要义的释梦师，则会采用梦境—提问—领悟的工作模式，尤其是在心理咨询过程中涉及梦的时候，精神分析学派的咨询师更倾向于审梦。

究竟采用哪一个模式来分析梦，不仅取决于释梦师的水平，还受梦者本身的领悟能力等因素的影响。在梦的分析工作中，这三种方式的使用有时需要因人而异，有时则需要因梦而异，有时则需要两者结合使用，才能使得梦的分析工作更加深刻有效。

前面的章节中，我们在释梦时多采用“梦境—提问—解释—领悟”的模式，现在，给大家提供一个经典的“梦境—提问—领悟”模式的案例，来说明审梦技术在心理咨询中究竟是如何操作的。

许多喜欢心理影片的朋友一定都看过一部非常著名的美剧《扪心问诊》。

这是一部以精神分析学派技术为背景的心理咨询剧集，其内容真实反映了包括梦的分析在内的精神分析学派的系列咨询技术。其中第一季第33集中有一个片段，非常精彩地反映了在心理咨询中，咨询师是如何进行梦的工作的。主人公心理医生保罗对患者苏菲在咨询中所谈到的梦进行了一系列提问，最终使梦者领悟到梦的真实意义。

此处，需要预先做一些补充说明，以便于大家准确地理解梦境。女主人公苏菲是一个体操运动员，在此次释梦之前，已经做过六次咨询了。她来咨询的原因是她在一次交通事故中，被认为有自杀的倾向，而她又不愿意面对这个现实，并在与肇事者的争执中极力否认，最终她选择让心理医生来帮助她证明自己的清白，她并没有主动想撞车自杀。但心理医生保罗在咨询中发现苏菲内心深处确实有不为人知的自杀倾向，其原因在于，苏菲长期帮助爸爸保守他过去背着母亲出轨的秘密，最终导致了父母离异，于是苏菲把本应该父亲承担的责任揽到了自己身上，并责怪自己的母亲没有处理好事件，从而使自己卷入了一场家庭三角关系的纷争当中而无法自拔。当保罗发现苏菲陷入深深的自责当中并有严重的自杀倾向时，他没有完全按照苏菲的要求仅仅去写一份评估报告，而是尽全力将苏菲留下来咨询，帮助她面对这一重大的心理创伤，帮助她渡过心理难关。因为保罗知道，仅仅靠报告是救不了苏菲的。

在第七次咨询的过程中，苏菲报告了一个梦，保罗就采用了审梦的方式帮助苏菲理解了这个梦。为了呈现原汁原味的审梦，下面，我们将保罗与苏菲的对话原文摘录如下：

……

苏菲：天啊，太不可思议了，我做了个梦，梦到我爸爸有危险。我醒后有点担心，就打电话给他，他和他女朋友待在酒店，原来昨天晚上有人闯进他房间偷了他心爱的相机，你现在肯定觉得这事很有意思吧？因为你一直不承认我和我爸爸心有灵犀，你根本就是讨厌他。

保罗：我讨厌你爸爸？

苏菲：上个星期你还含沙射影地说过一些事情，算了，算了，不和你说了，总之我们心心相印。这件事一次性地彻底证明了这一点，这不容你否认。

保罗：你说你会去波士顿，你不是有奥运会预选赛吗？

苏菲：等我从波士顿回来后再说。

保罗：在比赛即将到来之际，缺席训练没关系吗？

苏菲：哦，这没什么大不了的，只是和爸爸相处一段宝贵时光，这对我更重要。我这样对教练说，其实，我和爸爸已经很久没在一起过了。

保罗：也许他能过来。那样你既能见到他又能继续训练。

苏菲：你操什么心？你是不是下注赌我能赢个奖牌什么的？

保罗：上次见到你爸爸是什么时候？

苏菲：大约六个月之前，他来城里过周末。

保罗：过的怎么样？

苏菲：还不错。我们去了高档餐厅，他女朋友和我们一起。我爸爸和女招待调情，他女朋友哭了，所以我们不得不离开。这挺糟糕的，但是这没关系，还不错。

保罗：是波士顿的那个女朋友吗？

苏菲：是吧，谁能记得住啊？

保罗：你和她关系怎么样？

苏菲：还好，她很能说。

保罗：她叫什么？

苏菲：戴伦、塔伦、凯伦，反正就是类似这种的名字。克拉埃，她应该是叫克拉埃，我就像她从未有过的妹妹，他该把她留在波士顿。我13岁生日之后，我跟我爸就没有单独两人一起旅行过。

保罗：你们去过哪里？

苏菲：巴黎，他带我去了所有的地方，从埃菲尔铁塔到莫奈花园，还有那些画作。在一个街边的咖啡馆，我喝了一杯热巧克力，你要用勺子喝，两个字：超赞！我们住在一个很大的公寓里，像一间阁楼，这公寓是属于一个女人的，就在我即将赶飞机离开前，我见到了她。也就5分钟，她正要进来，我正要出去，电梯里到处都是她的香水味，让我想吐。我真的吐了，在街上，出租车前面，没人看到。不对，司机看到了，但是我爸爸没有，他在楼上。

保罗：你自己打车去机场？

苏菲：对，我当时13岁了，保罗。

保罗：嗯，能再和我说说你做的梦吗？

苏菲：并不是很想说，反正无关紧要，只是个梦。关键是我觉得他有危险，我能感觉到，我们心有灵犀，心灵感应。那是个可怕的梦，像噩梦一样，你做过那种梦吗？

保罗：有时候会做。

苏菲：你在噩梦里都梦到什么？

保罗：打从我小时候，我就一直会做这么个梦。我坐在一张摇椅上，摇来摇去，每当我想下来的时候，下不来，这椅子一直一前一后地摇摆。我妈妈在楼上叫我，我想从椅子上下来，但是，就是下不来。

苏菲：你觉得这意味着什么？

保罗：意味着……也许我害怕让我妈妈失望，她需要我的时候我不能陪在她身边。

苏菲：在现实生活中你让她失望了吗？

保罗：没有，我认为我没有。还是谈你的梦吧。

苏菲：好吧，我当时在酒店房间里等我爸爸，这时有个男的敲门，我让他进来，他问我我爸爸在哪儿，我说他在回来的路上。话一出口，我即刻感觉到自己好蠢，我发现这个人是个连环杀手，他坐下和我一起等，我知道我爸爸一旦回来，这个人就会杀了他，我不知道如何阻止，太可怕了。

保罗：那人长什么样？

苏菲：我忘了。

保罗：你以前去过这间房间吗？

苏菲：没有。

保罗：那房间什么样？你能描述一下吗？

苏菲：房间很暗，深色的木头，深色的家具，像洞穴或隧道，对，像隧道，但不可怕，两端都能看到光，像隧道起点和终点的部分。我记得我向前向后看，试图分清哪边是入口，哪边是出口。

保罗：还记得什么吗？

苏菲：那个男的穿的鞋和你的很像，不是这双，是那双你经常穿的黑鞋。

保罗：像我另外一双？

苏菲：不是像，就是。

保罗：连环杀手穿着我的鞋子？

苏菲：那人就是你，在酒店，是你等着要杀我爸爸。

保罗：我有没有说我为什么要杀他？你爸爸有没有出现？

苏菲：没有，我们就坐着，闲谈着，我一直在想怎么逃出去，打电话找人来帮忙什么的。

保罗：还记得聊了什么吗？

苏菲：记不得了。我不确定一些关于……这下完全讲得通了，对吗？你一直在说他坏话，说他很神秘，有什么秘密，说把我搞成现在这副德行的就是他。真荒谬，因为什么事都没发生过，我爸爸从来没做过什么越轨的烂事，你大错特错，东扯西扯，太可笑了。我爸爸一直在支持我，我和他的工作是他生活中最重要的事。

保罗：你觉得他拍的照片怎么样？

苏菲：很美！如果你能开明地看待它们的话，可你不能。他热爱人类的形体，他相信人体可以是每个人的情感和经历完美的表现。

保罗：你是说那是他的工作吗？

……

看到此处，如果你不是释梦师，可能还是看不懂这个咨询过程中的审梦，因为苏菲一直没对咨询师表示认同。其实道理非常简单，苏菲从一开始就排斥保罗的分析，内心有强烈的阻抗。于是，在第一次谈到梦后，很快，话题就岔开了。

保罗通过自我暴露，先讲了一个自己的梦，才将苏菲成功地再次引入梦的话题上来，保罗的每一个提问都紧紧地围绕着梦来进行。苏菲很快就理解了，梦中的连环杀手就是咨询师保罗，而谋杀爸爸就是咨询师在咨询中探讨两人关系的过程。当明白这一切之后，梦的意思也就基本清楚了，但结果是苏菲不愿意看到的，也不能面对的。她依然相信自己的爸爸是爱她的，并且帮爸爸保守出轨的秘密，并因此在咨询中产生了阻抗。

到这里，我想大家可能基本理解了这个咨询中的审梦过程以及背后的咨询原理。在整个梦的分析过程中，咨询师并没有就梦进行独立的分析和解释，只是围绕梦提出一些问题，直到苏菲理解自己的梦为止。

审梦技术虽然高明，不会引发投射，不会误导梦者，但它使用起来并不是随心所欲的，而是有条件的。

首先，良好的咨访关系是审梦技术发挥作用的前提，没有良好的关系，梦者不会主动配合释梦师，释梦师提问得再好，没有梦者的积极思考也是没有用的。

其次，审梦的关键在于提问，好的提问脚本是成功的保证。如果问题问得好，梦者就会沿着正确的方向思考；问错方向了，或者问了不该问的问题，还会引起梦者的逆反心理，导致关系破裂。

再次，审梦还要因人而异，如果梦者并没有较高的领悟能力，一切都会白费，或许释梦或解梦的方式更适合这样的梦者。所以，在某种意义上讲，解梦、释梦和审梦，并没有好坏优劣之分，只有适合与不适合之别。

三、利用梦实现心理治疗：梦境修改

看到这个标题，大家脑子里可能立即闪出一个问题，为什么此处不叫心理咨询，而叫心理治疗？这确实是一个问题，心理咨询与心理治疗是有区别的。

首先，从学派角度来看，精神分析学派及其分支流派的技术，包括催眠治疗、沙盘游戏治疗、意象对话治疗，一般都会被称为治疗技术。这是因为精神分析学派最初的创始人，如弗洛伊德、荣格等人都是精神科医生出身或者有从事医学工作的相关背景，他们更倾向于将自己的行为称为治疗，而不是咨询，同时，还会将前来接受治疗的人称为病人或患者。为了区别于精神分析学派，认知学派、行为主义学派和人本主义学派则不会将自己的技术称为治疗技术，而称为咨询技术，将服务对象称为来访者或求助者。

除此之外，目前国内本土心理咨询更倾向于将四大流派的技术整合起来运用，即以问题为导向，综合运用各流派的技术，为前来咨询的人提供高效、优质、快捷的心理服务，具备这种咨询理念的咨询师们通常被称为心理咨询的第五大学派——实战派。心理咨询实战派倾向于心理咨询的传统叫法，但却将其服务对象称为咨客，即前来咨询的客人。一方面也是为了区别于四大流派的称呼；另一方面，咨客这种称呼最大限度地弱化了因称呼所带来的暗示作用。其实，无论是称其为病人、求助者、来访者还是咨客，只是称呼的区别而已，所指的对象是一致的。本章在谈到心理咨询和治疗时，统一使用咨客的称呼，而单纯地谈到释梦时，则使用梦者的称呼。

其次，从服务对象来看，心理咨询的服务对象主要是那些有内心冲突却无人格改变或有轻微改变的人。他们经常会遇到学习障碍、人际关系障碍、婚姻家庭问题等一般性的心理问题。而心理治疗则主要服务那些有人格变态或神经症的人，如患焦虑症、恐惧症、强迫症、冲动性人格障碍、精神分裂症等严重的心理疾病的人。

从目标任务来看，心理咨询的目标在于促进心理健康发展，即通过心理咨询，使咨客摆脱心理困扰，增强适应能力，充分开发潜能，提高发展水平。而心理治疗的目标在于纠正心理偏差，即通过心理治疗，消除或缓解病理症状，使人恢复正常生活。

梦的分析工作，最初源自于精神分析学派，因此，按照传统习惯，利用梦境对梦者的心理进行干预和影响的活动，我们可以将之称为梦境心理治疗。

我学会利用梦境进行心理治疗也是源自一次偶然的机会。记得在十年前，也就是我的释梦水平刚刚有所起色的时候，我接了一个咨询。咨客是一位农村的女性，年龄大约45岁，先后被各种类型的医院诊断为抑郁症、焦虑症、强迫症、癔症，咨客本人已经被吓得半死，家人也苦不堪言。他们认为，得一个病已经够他们受的了，现在一下子同时得了这么多病，肯定死定了，于是咨客的情绪变得更差了。

其实，这些所谓的诊断，在我看来，并不都是完全成立的，咨客确实存在着比较丰富的心理症状，但根据我的判断，这些诊断依据的只是一些被严重夸大的症状而已，并不十分准确。可能她只是在短时间内有严重的抑郁情绪、焦虑情绪和强迫倾向，但并不能因此就诊断为抑郁症、焦虑症和强迫症，这些病症有比较严格的诊断标准，可不是单纯依靠一两个症状、几分钟的问话就能确诊的。

在第一次咨询中，我并不想急于做出一个让咨客信服的诊断，而是想先了解一下症状产生的原因及变化的基本脉络。

通过访谈，我发现这些症状果然事出有因。一个偶然的机会，咨客发现了老公出轨的迹象，但又没有十足的证据，于是只能将自己的想法先压抑下来。时间长了，咨客忍受不了了，就和老公吵了一架。结果老公矢口否认，并且还责怪她多疑，咨客再一次受挫，变得比以前更加压抑了。没过多久，咨客突然表现出了一系列的症状，饭量急剧下降，整夜整夜地失眠，常常感到浑身乏困无力，胃部莫名其妙地难受，也不怎么说话了，平时最喜欢的麻将也不爱打了。另外，她还时不时地哭，并且有时还会自言自语，问题由此变得严重了。

由于找到了怀疑老公出轨这个重要的事件，所有的症状由此获得支撑和解释。后来咨客虽然对此事表示了理解和宽容，但之前的症状却没有完全消失，甚至更加严重了。原因是咨客一直认为自己得了什么怪病，尤其是之前有些医生当着她的面说她的问题很严重，不及时治疗会有自杀的危险，咨客由此陷入了深深的恐慌、焦虑和抑郁当中。

知道了这一切，我就知道该如何下手了。在接下来的两次咨询当中，咨客的问题逐渐有所缓解。第三次咨询的时候，咨客报告了一个梦，并且强调此梦反复出现。

我梦到，我从家里出来，走到村里的街道上，天气灰蒙蒙的，村子里一个人也没有。我正往前走，突然前面出现了一堵墙，把我的路挡住了，上面写着四个字“不准通过”。我赶紧回头往回走，后面又有一堵墙，上面也写着“不准通过”。我害怕极了，正当我准备从左侧逃走时，发现左右两侧都是墙，将我死死地堵在中间，四堵墙上的大字“不准通过”让我顿时陷入绝望当中。此时，我非常着急，可是就是走不出来。一着急，我就醒了。

听完这个梦，我的第一反应是，这个梦能非常准确地反映她此时此刻的内心感受。咨客好像真的被一群病症死死地困住了，而这些所谓的病症其实都可能只是由于她易接受暗示而造成的，实际问题并没有那么严重，但性格中的易受暗示的特点却让她变得非常脆弱和敏感。

当时我认为，解释这个梦的意义并不大，但如果这个反复出现的梦境能被修改了，让这些病症的象征性画面消失，那咨客内心的感受一定会发生积极的变化。想到这个地方，我灵机一动，决定帮助她修改梦境。就好比外科医生做手术一样，这一次，我要给她做心理上的手术。我在心里默默地为自己的大胆想法叫好，并且我坚信，这样做一定能改变她的心理症状。

咨客很配合，很快就完全放松下来了，并且进入了浅度的催眠状态。为了能让大家对这场治疗有一种现场感，接下来，我将以对话的形式再现当时的治疗场景。

抚心人：现在，想象你正从家里往街道上走。

咨客：是的，我一个人，慢慢地从家里走到街道上来，天气灰蒙蒙的，整条街道上就我一个人。

抚心人：一直往前走，不要停下来。

（大约沉默了两三分钟……）

咨客：呃……那个墙出现了，上面写着“不准通过”。

（此时，她身体看起来有些发抖。）

抚心人：你现在有什么感觉？

咨客：我很害怕，我想往回走，我想回到家里去。

抚心人：好的，你往回走。

咨客：我一回头，后面也有墙，上面写着“不准通过”，然后左侧右侧的墙都出现了，我被围在中间了。

（她的身体看起来要比之前更加紧张一些。）

抚心人：你现在是什么感受？

咨客：太难受了，我想出来，可是，被挡住了。

（此时，她额头已经冒出了汗珠，一副恐慌焦虑的神情。）

抚心人：你打算怎么办呢？

咨客：我不知道该怎么办……

（大约沉默了两三分钟……）

咨客：我真的不知道该怎么办……你帮帮我吧。

抚心人：如果你没有更好的办法，那就只能推倒墙才能走出去。你可以先试试。

咨客：我试了一下，墙太厚了，推不倒！怎么办呀？

抚心人：你可能需要借助一些工具。回头看一下吧，身后有榔头，还有一把刀子，我为你准备的。

咨客：我看见它们了。

抚心人：好的，不过，你在砸倒墙之前，还是先把你那些病症的名字用刀子刻在墙上，每堵墙上刻一个病症的名字。在刻的过程中，同时想象这些病症慢慢地借由刻画的过程转移到墙上去了，完全离开你的身体了，你身体里的病症就慢慢消失了。

咨客：好的，我知道怎么做了。

（在完成这个任务的过程中，咨客身体不时地抖动，额头有汗珠渗出。大约五分钟后，我注意到咨客的嘴角微微地露出了笑容，与此同时，她轻轻地叹了一口气。我知道，她一定是顺利地完成了任务。）

抚心人：现在怎么样？

咨客：我已经成功地把刻有抑郁症字样的墙推倒了。

抚心人：非常好！你用同样的方法把其他三堵墙也推倒。

咨客：好的，我试试。

（我注意到，咨客这一次的行为有所变化，她在空中做出推倒墙的动作，好像推起来也比过去容易了许多。大约又过了五分钟，我看到她脸上掠过一丝成功的喜悦，我知道，她完工了。）

抚心人：现在是什么情况？

咨客：我已经完全把四堵墙全推倒了，我站在中间，现在无论往哪边走都可以通过了。

抚心人：嗯。那这些被推倒的墙怎么处理呀？

咨客：我去家里推一个车子出来，把它们清理掉，倒进村里的垃圾池内，如何？

抚心人：好的。等你把这些工作做完后告诉我。

（咨询室里非常安静，我密切关注着她的所有肢体语言和面部表情，发现她除了额头上有汗水慢慢地渗出外，一直保持安静，时不时脸上还会掠过一丝微笑。我知道，一定是进展顺利。大约过了五分钟左右，她说话了。）

咨客：我完成了，我不仅把这些垃圾倒进了垃圾池，而且还把那一片地面也扫干净了，并且洒上了水，连灰尘都没有了。

抚心人：非常好。接下来，你想做些什么呢？

咨客：我想到处走走，感觉一切都回到了从前，非常美好。

抚心人：好吧，我陪你到处走走，有什么情况，你可以随时告诉我。

咨客：感觉天气也晴了，太阳出来了，树上还有鸟儿在歌唱。

……

之后，我按照程序将她唤醒。当她睁开眼睛的时候，脸上再一次浮现出了笑容。

抚心人：现在感觉怎么样？

咨客：心里堵的感觉好像突然消失了，睁开眼睛的瞬间感觉轻松了许多。刚才梦中的感觉就像真的一样，有一种身临其境的感觉。

抚心人：是呀，当你非常认真、非常投入的时候，所想象出来的一切画面就成为了心理的现实。心理的现实被改变了，看到的现实也会因此而改变。

咨客：谢谢老师。

咨询结束后，虽然直觉告诉我，咨客会有积极的改变，心里不由得感到高兴。但我还是有点担心，不知道她的状况如何，不知道这样对梦境进行处理之后，会不会给梦者的心理带来实质性的改变。

又过了几天，终于到了约定咨询的时间了。当她出现在我的咨询室门口的时候，我心里终于踏实了。因为我看到，她身上的衣服换了，色彩比之前亮丽了许多，说话的声音也高了许多，好像头发也收拾了一番。这一次咨询，大约有一半时间，她都在谈自己内心的变化以及最近几天状态恢复的感觉。

我担心她的状况会有反复，所以这次咨询结束之后，约她再来两到三次，她同意了。可是，等到下一次咨询快到的时候，她老公打来电话，说她最近比较忙，要给孩子做饭，地里还有庄稼活要干，实在走不开，说后面找时间再来吧。我虽然感到失望，但想到她能再一次投入到生活中，心里慢慢地又泛起了一阵成功的喜悦。

之后，咨客本人给我打过一次电话，说总体感觉非常好，只是偶尔情绪还会有点儿低落，不过，她做点别的事情之后，很快就能克服。我说，如果能克服，不咨询也行，但如果有无法克服的情况，希望随时来咨询。之后，她还打过两次电话，表示了感激，还说要送一些自己家里的土特产来，表示感谢。我婉言谢绝了。

我多次将这个案例报告给同行们，他们都很吃惊，感觉不可思议，但同时又表示了深度认同。大家一致认为，我对梦境的利用恰到好处。之后，我也对这个案例进行了深入的总结，并从中提炼了梦境的导入方法、梦境的修改技术、梦境的引导方法、症状投射技术、症状外化技术、唤醒技巧以及如何在梦境修改中体现人本特点，等等。

值得强调的是，对于症状外化技术，我感受最为深刻，我认为，这个案例成功的一个关键环节是我引导她把所谓的病症象征性地投射到墙上，然后依靠她自己的努力推倒了墙。这种症状的投射具有外化的性质，即在想象中将症状与自己的身体分离，可以象征性地将症状外化。不过，这次的外化，在我看来是一种在想象中完成的外化，还不能算真正意义上的外化，这个技术还有待于改进。我一直期待有这样一个机会。

终于，没过多久，机会就来了，我又碰到了一个类似的咨客。我心想，这一次，症状外化技术终于有机会改进了。

四、梦境治疗的新技术：症状外化

就在上次的案例结束后不到半年时间，有一个咨客专门为一个奇怪而又恐怖的梦前来咨询。这个咨客是位女性，48岁左右，抑郁情绪比较严重，她一来就说自己感到恐惧和焦虑，感觉自己快活不成了，说不定哪一天就突然自杀了，原因是她最近老是在做一个梦。

我梦见自己坐在一个黑暗的房间里，心里有一个穿着黑色衣服的老太太，像一个巫婆一样（如图6-1所示），手里拿着一个黑色的拐杖，嘴里面念念有词，好像是在说“快去死吧，快去死吧”。我害怕极了，然后就醒了。

图6-1　巫婆

听完这个梦，我的脑子飞快地转着，一套又一套咨询策略涌入我的大脑。我知道这个黑衣老太太是抑郁情绪的化身，解释它并不能让其改变，而且解释还会让她变得更加恐惧和焦虑。最终，我在“通过梦境探讨抑郁原因”和“直接修改梦境”两个想法之间犹豫了。就在我难以决定的时候，她的一句话坚定了我修改梦境的想法。

她说：“我知道，我得了严重的抑郁症，那个老太太是我的催命鬼，可是我怎么也阻挡不了她来催命。有时我晚上故意不睡觉，可是最后还是困得不行，只要一闭眼睛，黑衣老太太就会出现。没有办法，我才想到了心理咨询。之前，我也做过两次咨询，都没有多大的作用。我听别人说过，你对梦有研究，所以就来找你。”

听了这些话，我知道，对这个梦境进行修改可能更有意义。接下来，我大约花了十分钟的时间，将她导入梦境，为梦境修改做好准备。下面，我将以对话的方式呈现当时咨询室里发生的一切。

抚心人：现在，慢慢地进入梦境……告诉我现在大脑中会浮现出什么东西？

咨客：在一个黑屋子里，光线非常暗，我一个人坐在沙发上，无精打采的，好像在期待着什么事情要发生一样。

抚心人：你在期待着什么事情发生？

咨客：我感觉有一个黑衣老太太正在我心里慢慢地苏醒过来。

抚心人：你保持呼吸，注意观察心里所发生的一切，并且及时告诉我。

咨客：好的。

（咨客背靠着沙发，头半枕着沙发背，闭着眼睛，手里抱着抱枕，头发有一些零乱，呼吸还算均匀，表情显得有些凝重。大约五分钟后，她的呼吸突然急促起来，我知道，她快要说话了。）

抚心人：怎么了？

咨客：那个黑衣老太太出现了，她手里拿着一根拐杖，正在使劲地往上捅，而且嘴里还不停地说“快去死吧，快去死吧”。我害怕极了，怎么办呀？

抚心人：你打算怎么办？

咨客：我没有办法，我只能被她折磨，我心里非常恐惧。我不想让她在我身体里折磨我，想把她弄出来。

抚心人：可以。我来帮你把她请出来，可是，把她请出来之后该怎么办呢？

咨客：只要不让她再进到我的内心里就行。

抚心人：那我们把她请出来之后变成一个什么东西吧，那样的话，它就再也进不到你心里去了，你觉得行吧？

咨客：可以。

抚心人：那你现在和她说话，请她挪动身体，不要再用拐杖捅你了。

咨客：我刚才试了一下，她根本就不理我，我没有办法让她停下来。

抚心人：我教你一个口诀，这个口诀就跟观音菩萨给唐僧的紧箍咒一样，专门制服孙悟空的，只要你对着她默念三遍，她就会听你的。这个口诀是……

（我随便念了一个口诀，现在确实已经忘记了我当时念的内容，只是感觉随便念了一句类似于“哦嘛咪嘛咪呗呗哄”的话。）

咨客：“……”

（这次我请她挪动身体的时候，她同意了，现在已经换了一个位置了。）

抚心人：把她慢慢移到你的喉咙部位，做好吐出来的准备。

咨客：好的，她比较配合，慢慢地变小，然后移动到我的喉咙。

（说这句话的时候，她轻轻地清了一下嗓子。我知道，她的受暗示性非常强，处理的时机已经成熟了。此时，桌子下面的垃圾桶进入我的视野，我觉得，这是一个有用的道具。）

抚心人：很好，她现在已经到了喉咙口，现在，我们把她请出来，变成一个垃圾桶，你觉得怎么样？

咨客：可以。

抚心人：非常好，我现在数一、二、三，你慢慢地把嘴张开，当你听到

“三”的时候就用力往外吐。如果你听到响声，说明她被请出来了，如果没听到，就表示没有出来。明白了没有？

咨客：明白了。

（我开始数数，前两个数字，我故意数得非常慢，然后突然数到三的时候，我轻轻地在她的头上拍了一下，只见咨客“哇”的一声吐了出来。与此同时，我把桌子下面的垃圾桶拿起来，又使劲放下去，故意制造出一阵声响。咨客再次抬起头来的时候，憋得通红的脸慢慢地恢复了正常。只见她长长地出了一口气，如同刚刚度过一场劫难一样。）

抚心人：刚才你听到响声了吗？

咨客：听到了。是不是她已经出来了？

抚心人：是的。你现在数一、二、三，然后慢慢睁开眼睛看一下。

（咨客睁开眼睛，揉了一下，看看眼前的垃圾桶，脸上露出了微笑。看得出，她的微笑一方面告诉我，这只是一个想象游戏；另一方面，还表明自己确实感受到了轻松和快乐。）

咨客：感觉真的很神奇，我身体里的老太太好像真的没有了。这是真的吗？像做梦一样，身体里一下子轻松了许多。

抚心人：这应该是真的，既然我们把黑衣老太太变成了垃圾桶，她以后就得长期在我的咨询室里为我们效力，她就再也回不到你的身体里去了！

咨客：谢谢老师。不过，我还是担心，万一我回去后她又出现了怎么办？

抚心人：不会的，因为它已经在我这里了，怎么会又跑回去呢？

咨客：谢谢老师。

这个治疗结束后，我一直在脑子里回忆这个治疗的全过程，我甚至惊叹自己当时的举动和做法，一切如行云流水，丝毫没有破绽。在现实世界，我的做法看起来是场游戏，而在心理世界，这一切却是真真切切的现实。这次咨询，虽然感觉总体不错，不过，我心里还是没有底，我不能确定我在咨询中的做法到底会产生多少效果。心里一直期待着咨客能如期再来。

果然，咨客按照我们的约定来找我。这一次，她气色大不一样，脸上有了红光，并且见到我后主动打招呼，说自己自从上次治疗结束后，整个人的状态发生了很大的变化，好像一切又恢复到了从前的样子，最近，自己开始喜欢上了广场舞，每天晚上都和自己的朋友们一起跳广场舞，而且还当了领舞。

听到这一切后，我着实又惊又喜，我知道会有效果，但没想到这么快。可事实就是这样子，她已经恢复了。她告诉我，她希望这是最后一次治疗，因为她感觉自己已经从泥潭里挣脱出来了，能够摆脱之前的消极状态了。

于是，我按照她的要求结束了治疗。在之后的两次回访中，她告诉我，偶尔还会有点消极状态，不过程度大大减轻了，而且自己可以通过一些方法和技巧快速调整过来，觉得一切已经在掌控之中，再也没有之前的恐惧和焦虑了。

我认真地总结了一下这个案例，并且将这次治疗中所使用的核心技术——症状外化技术进一步丰富和完善。症状外化，简单地说，就是将心理症状从心里提取到心外。

症状外化其实可以分成三种形式。

一是语言外化，这是一种传统的外化形式，就是将内心压抑的内容通过语言直接表达出来，或者可以理解为借助某种语言形式来表达心理症状，通常包括诉说和书写两种形式。长期以来，人们赋予了语言一种表达的功能，语言文字及表达形式便可以承载某种情绪情感，连接起心理世界和客观世界，所以，当语言被使用的时候，就能够起到外化的作用。

二是具身外化，这是一种表达性的外化方式，即通过身体语言来外化，比如用特定的身体动作、舞蹈等形式来表达症状，我们可以将其理解为用身体来表达症状。当表达成功的时候，症状便会象征性地外化为动作而从内心深处消失。

三是实物外化，这是一种创新的外化方式，即将内心的感受或躯体化症状通过象征的方式转变成外在的实物。换句话说，就是将心理的现实通过暗示变成客观的现实。

当心理症状日积月累被固化为一种具象化的症状时，需要通过外化的方式，将这种症状外化并固化，让症状从身体里被抽离出来，并且被定格在客观世界。当咨客看到这一切时，可能不会信以为真，但是，在其内心世界，这一切以象征的形式发生时，它就已经是心理的现实了，潜意识会不可阻挡地相信这一切是真实的，也正是因为如此，这种方法才会具有奇特的治疗作用。

五、向梦聚焦：从梦境中寻求治疗突破口

精神分析心理治疗的基本思路是让咨客在一种完全放松和信任的状态下，将自己内心压抑的内容完全表达出来，以此种方式来消除由于压抑而带来的心理和生理症状。当咨客接受精神分析的时候，分析师通常会通过对咨客进行持续而深入的引导和梳理，不断地使那些从来不为人知的心理秘密、被遗忘的事件、被压抑的情绪、被忽略的感受慢慢地被回忆起来，上升到意识层面，从而保持记忆的连续性和完整性。

这样做的一个非常重要的意义就在于，当咨客对这些记忆，尤其是对早年遗忘的记忆及近期被压抑的记忆进行系统梳理的时候，这种梳理会引发咨客对大脑中已经存储的记忆进行重新组合加工，而顿悟就发生在信息的重新组合与再次加工之后。

当然，多半情况下，这种梳理需要分析师和咨客一起工作很长时间才能完成，这个时间短则三个月到半年，长则两到三年，甚至还需要更长的时间。那么，有没有一种方式，可以缩短这一梳理时间的进程呢？经过大量的分析实践，我发现，对梦境进行工作，可以有效地缩短咨客被分析的时间，但前提是咨客要不断地提供梦才行。所以，正常的情况下，分析在进行的时候，分析师会要求咨客在分析过程中，将自己的梦记录下来，并且在分析中详细地报告梦境，并与分析师一起就梦进行工作。

对梦境进行分析，其实就是在进行精神分析，而且是在进行高效的精神分析。原因就在于，梦境就像一座桥梁，可以将当前的症状与被遗忘的原因连接起来，分析梦境的过程，就是建造桥梁的过程，并让咨客通过梦这座桥梁，寻找到桥梁另一头的原因，进而为自己的症状做出一个最为准确的解释，实现身心的统一，最终达到化解情结、消除症状和整合人格的目的。

弗洛伊德在《梦的解析》第二章《梦的解释方法》中曾经这样说过：“当我要求精神病病人将他有关某种主题所曾发生过的意念、想法统统告诉我时，就自然而然地牵涉到他们的梦。这就使我联想到，梦应该可以成为由某种病态意念追溯至昔日回忆间的桥梁。接着，我又进一步认识到，可以将精神病病人的梦当作一种症状，然后利用对这些梦的解释来追溯病者的病源，从而实现对病人的治疗。”

弗洛伊德说的没错，梦可以被看作是咨客的症状，当我们从症状的视角来审视梦境的时候，我们吃惊地发现，原来潜意识所表达的症状与现实中表达的症状完全不同。但当我们对梦进行分析之后，却又发现，其实它们在本质上完全相同，只是在形式上存在差异而已。

前面，在讲利用梦境进行心理治疗的时候，讲到了直接对病态的梦境进行修改。其实，并不是所有的梦境都需要修改，只有那些病态的梦境才需要被修改。大多数的梦境虽然也反映了咨客的症状，具有分析的意义，但却不必修改。因此，当咨客在心理治疗活动中报告梦的时候，我们一定不要随便放过梦，应该果断地聚焦于梦境的分析，探寻梦境与症状之间的深层联系，以梦境为突破口来为治疗找到便捷途径。

记得在三年前，我曾经做过一个咨询。咨客是一位35岁的女性，她报告了一个梦境，虽然比较简单，但却总是反复出现，让她非常苦恼。梦境大概是这样的：“我走进一个光线暗淡的房间，发现有一个穿着西装的男人，手里拿着许多本子和草稿纸一样的东西，不停地打我的头和脸。我一直不敢抬起头来，好像脸都被打肿了，我心里非常着急，却无法摆脱这样的困境。”

听完这个梦，我脑子里立即涌现出许多猜想：这个男人是谁？会不会置换了她的爸爸？那为什么她爸爸要打她呢？难道他们的父女关系不好吗？还没等我提问，她就告诉我：“这个梦我想过很久，梦中的男人和我们领导有点相似，他也是经常穿着西服。这个梦可能与单位领导经常批评我有关，我们领导经常会在我工作做得不好的时候向我发脾气，而且经常会将文件狠狠地摔在桌子上。不过，我好像已经习惯了，因为他就是那样的爆脾气，公司的人都知道。其实他心肠挺好，对我也不错。我是这样给自己解释的，好像也能说得过去，可是为什么这个梦还要反复出现呢？”

听这到个地方，我心中乐了，既然她有如此好的悟性，那这个梦就比较容易了。于是，我问她：“你爸爸过去是干什么工作的？”

这个问题看似简单，却直击要害，因为我想引导她思考，梦中这个男人是否置换了父亲的角色，如果果真发生了置换，那么，一定还发生了凝缩的机制，梦中的男人必然凝缩了父亲与领导的双重形象，并且梦中的男人也一定同时兼具父亲与领导两个人身上的特征。

听到我的提问，她愣住了。沉默了半分钟，她才说：“我爸爸是个小学教师，教数学的。可是，我小学的数学成绩非常差，我爸爸经常私下给我补课，但是我就是学不会，我不喜欢数学，每次考试成绩都很差。我记得有一次，县里组织了一场大型会考，我的数学成绩全班倒数第三。我爸爸知道后，就把我拉到家里的一间杂货间，用手中的教案和试卷打我的头和脸。他下手很重，我当时吓坏了，我感觉自己可能会被打死。对了，我说着说着就感觉到了，这件事和梦里的情境非常相似，不知怎么回事，我之前居然忘记了。当你刚才将思考的方向引向我爸爸的时候，我突然明白了这个梦。我知道，尽管我爸爸后来对我非常好，可是，我还在心里埋怨他当时的行为对我后来造成的负面影响。别说领导了，就是同事拿一堆材料往我桌子上一放，我都会感觉害怕的。之前，我说自己已经习惯了领导把文件摔在桌子上发脾气，其实，我心里非常害怕，每次都是，我一直找不到原因。现在，我终于明白了，这可能与小时候的这段经历有关吧。我现在还记得，我爸爸在学校教书的时候，经常穿着一身看起来有点旧的西装，一副严肃的样子，学生们见了他都害怕。虽然他是我爸爸，还是我们的数学老师，但是我却一直害怕他。”

听到她对自己的梦有了正确的理解，我瞬间感觉到一阵轻松，最后，我说了一段发自内心的话，作为咨询的结束：“作为一个数学老师的孩子，没有把数学考好，这是对爸爸最严厉的惩罚。或许你根本不清楚，这种方式是你对抗爸爸的最好方式。可是你不知道，爸爸也不知道，对抗就一直这么存在着。爱之深，恨之切，我想爸爸一定是对你寄予了深深的希望，所以才会下手那么狠。其实，他心里是爱你的。可是，作为一个小孩，你那时候是不理解爸爸表达爱的方式的，也不能理解他的行为，而将他的做法感知为一种暴力行为，也因此在你幼小的心灵中留下了一道伤痕，久久不能平复。在后来的生活中，凡是类似于你爸爸用卷子和教案打你的场景出现，你都会感觉到紧张、恐惧和担心，尽管他们对你并无恶意，但这种内心的感受仍然挥之不去。其实，这只是过去的一种重现而已。我想告诉你的是，现在你已经长大了，你可以理解爸爸表达爱的方式了，也能理解他过去的行为了，换句话说，你可以原谅他了，同时也是原谅自己。与过去告别，把握当下，轻松生活，快乐工作。我想，你理解了这个梦，以后这个梦也不会再出现了。”

六、利用梦来读心：读出梦者的心理弱点

可能从来没有人会把梦境和读心术结合起来分析，因为它们听起来有点风马牛不相及。之所以要在本章讨论梦境与读心术的关系问题，是因为，我这段时间同时研究释梦和读心术。虽然看起来是两条线索，互不相干，但当它们经常同时出现在一个人的大脑中的时候，考虑它们之间的关系便是预料中的事情了。这就好比一个手机制造商，如果他还同时开了一家电脑软件设计公司，那么，设计适用于手机使用的电脑软件就是迟早要发生的事情。

当前，大多数研究读心术的爱好者能做到的是，通过对他人的肢体语言、语言、语音语调及行为进行分析，来推测其当前的心理状态，甚至预测其下一步的行为发展。不过我在想，利用当前状态来预测未来发展趋势虽然可行，但并不是非常可靠的。因为当前的状态受多方面的因素影响，甚至包括许多不稳定的因素，而更加可靠的方式则是了解他人的习惯，通过了解其习惯来预测未来的行为。原因就在于，习惯是经常发生的，稳定性更高一些。当然，如果能将习惯与当前的状态结合起来，可能预测就更加精确和可信了。怎么样才能快速地发现他的习惯呢？首先，我们来认识一下习惯这个概念。习惯，简单地说，就是一个人长期以来形成的稳定生活方式或特定的行为模式。

根据我的研究，人们的习惯可以分为三类：第一种是显性习惯，即大家可以看到的某人的一贯行为习惯，无论在什么场合都有稳定的表现。第二种是假性习惯，即一个人根据现实情境而被迫表现出来的一贯行为特征。这种习惯只在特定的条件下才能产生，受环境影响比较多。第三种是隐性习惯，即大家都看不到，只有当事人个人清楚的习惯，属于个人的秘密，多与思维习惯有关。显性习惯和假性习惯，人们都可以轻易地分辨出来，利用其分析预测的价值并不大；而隐性习惯很难觉察，不易分辨，时常被各种理由和借口掩饰，而且隐

性习惯在很大程度上会支配一个人的特定行为，可以准确地反映一个人的行为反应规律。值得一提的是，隐性习惯必然对应着隐性的行为，了解他人隐性行为才能让我们更加深入地了解他人的行为习惯，读懂他人的内心想法，预测他人的行为变化。

那么，隐性习惯是怎么形成的呢？一般来说，隐性习惯多与压抑的情绪和创伤有关，不过，当事人却不一定会想到自己的习惯与创伤之间的关系。比如说，一个曾经被车撞过的人，可能会形成过马路特别小心的习惯，不过，他可能不会直接告诉别人自己曾经被车撞过，而是强调要严格遵守交通规则。甚至连当事人都会认为自己心里已经没有阴影了，自己只是强调遵守规则而已，但其实，之前遗忘的阴影一直在左右着自己的行为，而我们要理解他的行为习惯，可能需要找到过去的这段经历以及所受到的影响。

那么，这种隐性的习惯背后的原因隐藏在什么地方呢？答案是，隐藏在潜意识里。可是，我们怎么样才能从他人的潜意识当中发现其隐性习惯背后的创伤记忆呢？我的方法是释梦，通过对梦进行分析，我们可以清晰地挖掘出一个人内心的隐性习惯，然后可以准确地预测他的行为特点和规律。举一个例子来说明吧。

记得在三年前，有一次，我们研究生同学聚会，大家都在相互敬酒聊天吃东西，有一个女同学把我叫到一边，让我帮她分析一个梦。原因是当年在上学的时候，我就为她分析过好几个梦，对她的帮助非常大。这一次，她非常详细地给我描述了自己的梦境。

我从单位下班回来，走在回家的路上，正准备去超市买点菜，好回家为孩子和老公做饭，突然看到一个同事从路边的下水道里钻出来，居然身上也没有脏。她邀请我去酒吧喝酒，我想去，但又一想，家里没人做饭，纠结了好一阵子。然后她生气了，就独自走了。

我失望地回到家后，发现老公和孩子都不在家，按理说，他们早都应该回来了。我给老公打电话，打不通。我在想，要不要出去找一下？找吧，怕他们回来见不到我着急；不找吧，总是觉得心里不踏实。正在我纠结的时候，他们突然回来了。儿子一进门就让我赶紧帮他把校服洗了，说明天升国旗，自己当护旗手要用。老公说肚子饿了，让我先做饭。我不知道该听谁的，一着急就醒了过来，好像醒来时，我还能感觉到自己有点儿生气。

我听完之后，已经大概明白了梦的意思：她一定是一个习惯性决策困难的人，如果给她呈现两种选择，并施加压力，她一定会陷入到决策困难的困境当中。于是，我并没有去分析梦，而是告诉她："我们还是先和大家一起聊天吧，等大家聊完了，我再单独帮你分析，毕竟大家这么久才见一面。"看到她有些为难，我又说："那你决定一下，到底是先给你分析梦，还是先和大家聊天？你来定吧！你说怎么办，我就怎么办。"

此时，我看到她已经额头冒汗、手足无措了。

于是，我就问她："是不是现在有点焦虑？有点不知道该怎么办了？"

她红着脸，直点头。

我接着又问："这种感觉是不是和梦中犹豫不决的感觉还有点相似呢？"

她沉思片刻，再次抬起头来看着我，然后拼命地点着头。

于是，我就告诉她："其实，我只是想让你在现实中体验一下这样的感觉。这个梦就是在告诉你，现实中，你经常在内心当中存在着这样决策困难的情况，但是你已经把它们压抑了，它们并没有因此而消失，而是变成了一种习惯——选择困难或决策困难。"

此时，我看到她的眼睛有点湿润了，然后低声说："从小，我父母关系不好，他们经常吵架，两人都很有主见，经常一个让我往东，另一个让我往西。我那个时候太小了，经常不知道该听谁的，于是就只能哭。其实，我内心非常矛盾，现在他们依然是这样。我结婚后，老公家也是这样，老公和婆婆、公公经常为一些事情意见不统一，我夹在中间很困难。这经常让我很焦虑。”

我说：“是呀，解决这个问题，其实并不是分析一个梦就能解决的，分析这个梦只是能让你看清自己的问题所在，告诉你应该直面它，而不是压抑它。人在生活中，许多压抑下来的隐性习惯都会通过梦境来呈现，如果让别人知道了你的这个习惯特征，很容易被人利用和操控。你不说这个梦，我永远也看不出来你存在这样的问题，但是你说完梦后，我就明白了，你的弱点就在难以做出决定上。”

说完这些话，我看到她有些开心，有一些如释重负的感觉，但那也只是她准备面对问题的一种表现而已，问题的解决才刚刚开始。

总之，梦中常常会隐藏许多重要的信息，这些信息的组合方式往往会呈现出一种规律性的东西，而这种规律性的东西又经常与现实中压抑的内容相吻合。因此，读懂了这样的梦境，也就读懂了深层的心理秘密和规律。

七、梦的自我分析：释梦师成长的必然选择

在心理咨询领域，大家都知道，弗洛伊德不仅是精神分析理论的创始人，同时也是释梦师的鼻祖。按照精神分析学派咨询师的成长和训练要求，精神分析学派的释梦师必须接受其上级咨询师的心理分析与案例督导，然后一代一代，口口相传，直至现在。如果说精神分析学派是一座金字塔，那么，弗洛伊德则处在这座金字塔的塔顶上，是当之无愧的开山鼻祖。按照史料记载，一生当中，接受过弗洛伊德本人分析的人并不多，大约四五十个，它们当中的绝大多数后来都成了世界各地非常有名的精神分析师或心理学家，包括海茵兹、克莱茵、戴维、詹姆士，还有他的学生荣格、阿德勒等。

说到这里，大家可能会在脑子里不约而同地冒出一个问题：谁来为弗洛伊德做个人分析呢？是他的老师兼同事布洛伊尔，还是学生兼朋友荣格？或是另有其人？或许，也只有弗洛伊德本人才配得上为他自己做分析。那么，弗洛伊德是怎么进行自我分析的呢？答案是：分析自己的梦。

在19世纪末期的最后几年里，弗洛伊德开始了他的自我分析历程。他每天记录自己的梦，然后搞清梦境的来源，揭示梦所要传递的真实意图。就这样，在进行了两年的自我分析后，他把自己分析的结论写成了《梦的解释》一书，并于1900年正式出版。此书开始没有引起人们的注意，其德文初版总共只印了600册，出版6年后，只卖了351册，到1908年才出第2版。这本书不仅在最初10年未受重视，反而遭到大量的批评。后来，该书被许多人推崇为弗洛伊德最伟大的著作，再后来，它竟被西方许多学者看作是一部震撼世界的书，以致名声大噪，经久不衰，并且先后被翻译成多种文字，在全世界广为流传。

此处需要强调的是，弗洛伊德一生没有正式接受过他人的心理分析，而是一直坚持利用每天工作的最后半小时来进行自我分析，而他自我分析的方式主

要是释梦，直至去世。这就给现代的释梦师，尤其是精神分析学派的咨询师一个重要的启示。如果我们想要进行自我分析、认识自我，应该从坚持记录和分析自己的梦开始。因为梦是潜意识最直观的材料，是纯粹的潜意识内容，对自己的梦进行分析是最直接、最深刻、最有效的自我分析。鉴于此，我从一开始走上心理咨询的道路时，除了接受他人的分析之外，还通过坚持记录并分析自己的梦来获得个人的领悟和成长。

第七章

典型梦境的聚类解析

梦者的自由联想也是一种梦思，需要释梦师用释梦的耳朵辨析。

——赵小明

经过多年的学习和实践，我积累了丰富的释梦经验，并且总结了一套行之有效的释梦方法。因此，在任何时候，无论别人说出什么样的梦，我都会非常兴奋。每一次梦的分析过程，就如同神游于梦者的心灵世界，细细地倾听来自于梦者内心深处的声音。

慢慢地，我发现，虽然每一个人的梦境都不尽相同，梦者的年龄、性别、职业、阅历等也有差异，但他们的潜意识可能会选择相同或相似的材料来表达相同或者类似的主题。比如说，大多数人都上过学，经历过各种考试，如果在考场上出现意外情况，通常会让人感到焦虑不安，于是在梦中，很多人都会选择在考试中出现意外情况，如卷子答不完、没带笔等情形来表达生活中因某些事情而引起的内心的焦虑感受。因此，分析归类各种类型的梦境，对于快速理解他人的梦境会有一定的借鉴和参考作用。

一、焦虑梦——情绪不变，梦境各异

从梦境特征的大数据统计分析结果来看，焦虑梦是一大类梦，是人人都会有的梦。焦虑梦主要以各种可能引发焦虑情绪的梦境来表达梦者压抑或遗忘的焦虑情绪。

通常，人们在梦中表达焦虑的材料都有一定的现实来源，即引用生活中经历过或听说过的相关焦虑事件来表达焦虑。常见的容易引发焦虑的事件包括错过班车、丢失钱包、见到陌生人、打不通电话、身处陌生的地方等。需要强调的是，梦者究竟选择什么样的事件来表达焦虑，主要取决于梦者的人生经历和个人认知。一个人在现实中经常会在什么情境下压抑自己的焦虑感受，在梦中，类似情境出现的概率就会比较大。如果一个人特别担心考试，那么用考试来表达焦虑就是顺理成章的事情了。一个从来没有上过学的人是不会用考试的情境来表达自己的焦虑感受的。

梦例一：我的考试卷子没答完

梦境描述

我梦到自己去参加一个重要的考试，考官发下来卷子后，我一看，基本都会，所以一点儿也不紧张，心里还有几分得意。看看周围的人都在埋头答题，好像很着急的样子，我却显得悠然自得。我在想，时间还早，我慢慢答就是了。正在我准备认真答题的时候，考官走到我跟前，对我说，我答题的时间比别人少一个小时，这是上面规定的，并且催促我赶紧答完交卷。我一看表，剩下的时间不多了，可是还有那么多题，我非常着急，就在这个时候，我发现笔好像也坏了。我赶紧向周围的人借笔，可是没人理我，于是我就急醒了，起来后，头上全是汗水。

梦者背景

天山雪莲，女，29岁，未婚，国企中层管理人员，兼职释梦师，近期公司正在酝酿裁员计划。

释梦过程

天山雪莲：老师，我大概知道我的梦可能与公司裁员计划有关，因为在现实中，我挺焦虑的，而梦中也挺焦虑的。只不过，我觉得仅仅知道这些是不够的，请老师再细细说来。

抚心人：能说说你在公司的处境吗？

天山雪莲：好的，我大概说一下。我是我们公司市场营销部的一个科长，主要负责协调处理销售过程中出现的纠纷与矛盾。最近几年，公司产品销售量极度下滑，我的工作量也大幅下降，我们科三个人，基本上没什么工作可做。知道公司要裁员的计划后，我一直觉得自己不可能被裁，毕竟我是老员工了，还是中层干部。但是后来，人力资源部出台了个裁员规则，大概是说全部人员不论职务、年龄和资历，一律参加考试和投票。我一下子就有点焦虑了，这就意味着我有可能失去目前所获得的所有东西，一切都得重新开始。所以，我觉得有些焦虑，这种感觉和梦中的感受太相似了。可是，梦中为什么说我比别人的考试时间少一小时呢？真是让人不解。

抚心人：或许，你意识到自己可能被裁掉的时间要比别人晚一些，你是等到人力资源部的规则出台后才开始意识到问题的复杂性和严重性，而其他的人则可能在一开始就已经有心理准备了。所以在梦里，你比别人考试的时间少了一小时，这是一个象征性的说法，至于为什么是一个小时，那就要你来解释了。

天山雪莲：其实，仔细算来，我知道这个事情不是比别人晚几天，而是整整两个月。噢，是不是60天正好对应着60分钟，都是与60有关？

抚心人：好像也能说得通，你能说出你的理解，那潜意识一定已经这么想过了，潜意识想过了，所以在梦中才会有这样的表达。因此，你的理解可能看起来有些牵强，但却是最接近真相的解释。

天山雪莲：原来是这样呀。还有，为什么这个考官要单独催促我，让我认真答题呢？

抚心人：那要看这个考官是什么样的人。你感觉这个考官熟悉吗？

天山雪莲：感觉好像就是一个熟悉的人，但想不起来是谁。

抚心人：那他像谁？

天山雪莲：像管理销售的李总，尤其是对我说话的态度，非常像！

抚心人：在这之前，你和李总有什么印象深刻的联系吗？

天山雪莲：呃……好像一周前，有一次李总把我叫到办公室，说我长期以来都表现不错，承受压力的能力比较强，将来可担重任。但最后又说，如果现实不能如愿，希望我也能一如既往地努力工作。我当时没有明白话中的意思，第二天，我看到人力资源部的文件后，才明白是怎么回事，于是，就感觉到焦虑了。尤其是最近许多同事对领导都特别热情，我感觉我在领导面前想表现一下自己的诚心和热情都已经没有时间了，因为文件出台后，马上就要实施。难道这就是为什么我在梦中感觉自己时间紧迫的原因？

抚心人：应该是的。所剩时间不多说明你没有表现的时间了，后面还说笔坏了，则可能表明你自己没有其他的表现方式了，唯一的表现机会也出问题了。总之，无法表明自己的诚心，可能意味着你要从目前的岗位上被裁掉，这才是让你感觉最焦虑的事情。

天山雪莲：是的，我之所以非常焦虑，是因为，我挺喜欢我现在的工作的，如果现在被裁掉，我怕一时间找不到合适的工作，我们按揭的房子就会断供。因为我老公前不久刚换了工作，现在还没有领到工资。孩子还小，在上幼儿园，也正是花钱的时候，唉……

抚心人：是呀，你当前的处境听起来确实是让人感到非常焦虑，不过，最好的解决办法不是等待，而是要行动起来，去面对现实，才能缓解自己的焦虑情绪。

天山雪莲：谢谢老师，我明白这个梦了。非常感谢。

释梦小结

对于大多数人来说，考试容易诱发人们的焦虑情绪，尤其是在考试过程中，遇到考前准备不足、题不会答、笔出了问题、卷子没答完等情况的时候，人们更会感受到强烈的焦虑情绪体验。其实，考试中所产生的焦虑情绪和工作、生活中的许多焦虑情绪在性质上是完全一致的。比如，在接受检查、迎接考核、会见重要人物、办理重要事情的时候，会让人们感受到考试一般似曾相识的焦虑情绪。正是因为考试焦虑的普遍性和共通性，所以，人们在梦中要表达焦虑情绪的时候，潜意识选择考试情景就顺理成章了。

不过，在现代社会中，还有一种新的情景常常会诱发人们的焦虑，并且已经日趋普遍、习以为常了，这就是打不通电话。尤其是重要时刻，打不通电话会让人非常焦虑，相信我们都有过这样的经历，所以，在梦中人们通过打不通电话来表达焦虑也就越来越大众化了。由于电话是一种通信工具，常应用于人际沟通和协调，因此，打不通电话所传递的焦虑情绪往往与人际关系有关系。

梦例二：打不通的电话

梦境描述

在一个房子前，我远远地看见前面有一个女人。当时，我感觉她像我的表妹，但又不敢肯定，我看她背对着我往前走，好像要进这个房子。我感觉那个房子里会有危险，于是就拼命喊她，但她好像并不理我，也可能是因为距离太远，她没有听见。眼看她就要进去了，我灵机一动，赶紧打她的手机，第一次拨通了，她没有接；再次拨通时，她仍然没有接。于是，我拨了她的另一个号，并且一连打了好几遍，都打不通。我一着急，就醒了。

梦者背景

蓝天，女，39岁，已婚，中学教师。

释梦过程

蓝天：老师，我觉得我的梦真的很奇怪，现实中，我并没有表妹呀，怎么会梦到表妹呢?

抚心人：是呀。你这么说，让我也觉得很奇怪，既然你现实中没有表妹，那梦中的表妹就有可能代表了其他人。

蓝天：她会代表谁呢?

抚心人：你感觉梦中的表妹有什么特征？或者给你什么样的感觉呢?

蓝天：梦中的表妹，虽然我觉得她是我的表妹，但我在喊的时候，好像叫的是我办公室同事的名字，如果从背影看，她真的挺像我同事的。对了，我突然想起来，我当时第一次拨的电话是我同事的电话，我印象很深，但第二次拨的时候，好像拨的是我自己的电话，怪不得半天我都拔不通，非常着急。老师，这个梦到底是怎么回事？我现在彻底糊涂了。

抚心人：呵呵，怎么会糊涂了，我倒觉得现在才清晰了。我问你，你和同事的关系如何?

蓝天：一般同事，谈工作的事情会多一些，谈生活少一些，主要是由于我们之间年龄相差比较大，沟通有些困难。有时候，我想主动和她把关系搞好，营造一个好的工作氛围，可是几次努力都失败了。我感到挺焦虑的，觉得自己挺无能的，连这一点小事都做不好。

抚心人：那就已经非常清晰了。这个梦可能有两层意思。首先，梦中那个表妹不是别人，就是你的同事，两人之间发生了虚拟置换（即虚构人物，然后与现实中的真实人物相互替代）。现实中的同事也比你年龄小，第一次电话也是打给她的，但是打不通，所以，这个梦真正要表达的是你和同事之间的人际沟通出了一点状况。无法和整天面对面相处的同事有深层的沟通，这一点让你有一些焦虑。其次，你第二次给同事打电话的时候却拨了自己的电话，说明这个表妹也代表了自己。现实中，电话号码往往和人的身份是对应的，所以，表妹其实也是你的一个子人格。因此，这个梦也在提示你内部的人际关系也出了问题，简单地说，就是你对自己性格的另一面并不熟悉，并不了解。表现在现实中，就是你可能经常会对自己的言谈举止感到意外，甚至不理解。

蓝天：是经常有这样的情况发生。我有时会觉得自己是另一个人，许多事情做了之后会感觉到后悔，但不久又犯同样的错误，然后又后悔，连我自己都不能理解这是为什么！所以，我觉得是时候与自己沟通一下了。我曾经做过几次咨询，也参加过几个工作坊，但效果都不好，后来就不做了。做了这个梦之后，我觉得，梦会告诉我一些我意想不到的东西。现在看来，果然如此，现在我基本上理解这个梦了。

抚心人：这个梦，还有什么不理解的地方吗？

蓝天：还有一点，为什么我会感到梦中的人是我的表妹，而不是其他人？

抚心人：这个问题问得好，我正想问你呢。你觉得，从关系上讲，和亲妹关系远，还是和表妹关系远呢？

蓝天：当然和表妹关系要远一些。

抚心人：这就对了，梦中用表妹来置换你和同事、和另一个自己之间的关系，而不用亲妹，这恰恰说明了你内心想和同事亲近，却和自己疏远了，你也可以这样理解：你和同事不能有深层的沟通，恰恰是因为你不太了解自己、疏远了自己而造成的。

蓝天：原来是这样呀。对了，老师，还有一个问题，那为什么我觉得进那个房子会有恐惧的感觉呢？

抚心人：或许你害怕别人走到你内心深处，同时也不愿意自己去面对真实的自己。所以，在梦中，你才会极力阻止表妹进到那个房子里。房子就是你的内心世界，或许这才是你和别人无法深入沟通的深层原因。也许你无法面对自己的原因，是因为你害怕暴露自己性格中的弱点，或者害怕别人看到你内心深处的创伤或秘密，这才是你焦虑的深层原因，只不过，你从来没有意识到，而潜意识通过梦告诉你了。

蓝天：你说得太对了。我觉得，你通过这个梦“窥探”了我全部的内心隐私，让我有一种从未体验过的被理解的感觉。感谢老师！

抚心人：不用谢我，得谢你自己做了一个好梦。梦中往往会隐藏许多我们平时觉察不到的内容，通过对梦进行分析，可以更好地认识另一个未知的自己。

蓝天：谢谢老师。我一定要再仔细品味一下自己的梦。

释梦小结

分析完这个梦，我们得好好总结一下了。焦虑类的梦不仅会表达来自外界人或事引发的焦虑，也会反映来自人格内部产生的焦虑。如果我们把一个人的人格看作是由无数个子人格组成的集合的话，每一个子人格就好比是不同性格的人，他们之间的关系则构成了人的内部的人际关系。在梦中，梦者的子人格之间的关系会被人物化，也就是说，通过不同的人物来承载这些子人格的特征。因此，我们在分析梦的时候，既要考虑子人格在现实中的对应关系，还要考虑内部子人格之间的关系。如此分析，才能给梦者带来更深更多的启示。

二、性梦——性与非性皆可能

受传统思想观念的制约与影响，中国人压抑最多的便是性。人们不会在公开场合随便谈论与性有关的话题，因为那样做会引起大家异样的目光，或者会招来非议。如果有人忍受不住，非谈不可，也会以一种象征的手法或幽默的方式来谈。当前，中国人的性观念和以前相比开明了一些，可是骨子里的压抑状况并没有发生根本性的改变，在潜意识当中压抑最多的内容大多与性有关，所以，性梦应该是一类普遍的梦。

不过，对性梦的解释却存在着两种说法。一种说法是，性梦就是有性活动和体验的梦，主要表达梦者压抑的性感受与愿望；另一种说法是，性梦只是借助性的形式表达另一种意思，比如隐私关系、攻击行为等。

我认为，性梦可以分成三大类。第一类是从形式上看有性的意味，实际上也确实是在表达性的欲望和冲动；第二类是从形式上看有性的意味，但实际上却表达与性无关的意图；第三类是形式上看并没有性的色彩，但实质上却借助象征手法隐晦地表达了性的冲动。

梦例三：我是标准的好男人

梦境描述

一个特别有钱的好朋友邀请我一起去什么地方玩，我答应了，当时还有好几个朋友，我不记得了。走路时我发现我穿鞋子了，而我那个朋友，也像其他朋友一样，都没有穿鞋子。我们在草坪上走路，前面是田地，我想虽然现在有钱了，胆子也变大了，但我不能乱走，万一在田地里光脚走路时脚被刺伤了怎么办？

突然间，我好像来到了一个公园，他们在不在我不记得了。我突然想到我女儿和老婆了，我感觉我有点不像话，怎么可以忘记她们呢？我想给她们打个电话，自己没有带手机，所以去一座大楼的一楼，打算用一个女工作人员跟前的座机给她们打电话。

突然间，我好像又出现在一个夜总会的房间里，有几个男性朋友，还有好多女孩，有的是我朋友们的朋友。其中两个我认识，他们看我的眼神，好像是好久没有见面了。他们对我说："你也有到这儿来玩的时候。"好像他们的意思是我堕落了。房间里还有我的两个女同事，其中有一个胖胖的女同事主动提出跟我发生性关系，我问她怎么会想到跟我一起玩，她随意说，就是想换换人罢了。我想这也太随便了，这怎么可以成为借口呢？而我好像更愿意跟另一个女同事发生关系。她人比较瘦，是我喜欢的类型，但是我又想我都已经好几年没吃"野草"了，我现在是标准的好男人，我不可以这样，一会儿又想顺其自然，然后就有点犹豫不决。

梦者背景

阿图木，41岁，已婚，育一儿一女，企业职员。

释梦过程

阿图木：这个梦，我想了许多遍，就是不能理解，感觉梦里的场景切换太快，我的思维跟不上。

抚心人：我看完后，也是一头雾水，摸不着头脑。这个梦到底是要说什么呢？

阿图木：我感觉是一个性梦，因为梦中，有人要和我发生关系，而且我在梦中也有冲动，不过心里充满了犹豫的感觉。

抚心人：那这个梦应该是一个性梦。可是，为什么梦中会有犹豫的感觉？现实中，在性的问题上，你有过犹豫的感觉吗？

阿图木：有时犹豫。以前，我的朋友有时候叫我去夜总会玩，我也会去的，好像也没有犹豫过。不过现在，他们叫我的时候，我心里就会有些犹豫。我觉得结婚了还去夜总会，不是一件光彩的事。我心里会想，他们没结婚，没有顾虑，我已经结婚了，万一再出点什么事，感觉对不起老婆和孩子。

抚心人：鞋子在梦中象征着婚姻，这样理解的话，没穿鞋子就意味着没有结婚，而穿着鞋子就是意味在婚姻状态中。梦中光着脚的朋友可能代表了你那些没有结婚的朋友；而光着脚乱走，就意味着做一些出格的、错误的事情。如果从这个角度来看，你是担心自己犯了错误会影响到自己，影响了自己的家庭和前程。

阿图木：非常有道理，我似乎能理解了。但是，为什么，我会突然给老婆和女儿打电话呢？

抚心人：你一定是内疚了。打电话给老婆和孩子，可以在一定程度上缓解内疚感。但是在梦里，你却没有带手机，说明你内心是犹豫的、矛盾的。不过，在这一段梦里，你的理智战胜了本能，你最终还是想方设法给家里打通了电话。

阿图木：原来如此。老师再解释一下，后面我到夜总会碰到的那两个女孩是怎么回事？

抚心人：这两个女孩是什么样的人？

阿图木：现实中，胖胖的女同事是单位一个领导的女儿，也是我的同事，我们关系一般，我对她没有任何想法；而瘦瘦的女同事，是我同事兼朋友，我对她挺有好感的。梦中她们怎么会出现在夜总会里呢？

抚心人：那这两个同事还和你现实中的其他女性朋友有没有什么相似之处？

阿图木：你这么一问，我倒觉得，那个胖胖的女同事，有点像我的第二任妻子。我离过婚，和第一任妻子结婚后，生了一个孩子，整天吵架，后来一气之下，我就离婚了。之后我又找了一个妻子，她有点胖，而且还是一位领导的女儿。后来，我们关系不和，结婚不到一年就又离婚了。然后，我又和原来的妻子复婚了，并且又生了一个孩子，现在不到一岁。我原来的妻子就是瘦瘦的，是我喜欢的那种女人，她有点像我的瘦瘦的女同事。我很疑惑，为什么她们俩会出现在夜总会？

抚心人：其实，这段梦是有点复杂的。夜总会是一个充满欲望的地方，但同时也是一个挺隐私的地方。所以，这段梦里应该有两层意思。浅层的意思是说，这两个女同事与你之间的交流代表你内心有压抑的性冲动，而深层的意思则表达了你对自己两任妻子的态度，你很显然喜欢第一任妻子，而不喜欢第二任妻子，表现在梦里，就表现为你喜欢瘦的女同事，而不喜欢胖的女同事。正是因为你喜欢第一任妻子，你才与她复婚了。但是现在，你妻子把精力都放到孩子身上了，使得你的欲望难以满足，所以，你内心压抑的冲动就只能在梦中象征性地满足一下。于是，才会出现进到夜总会之后，那么多人，你最后的注意力只集中到了这两个女同事身上。其实，你也不愿意让自己的妻子出现在这个地方，于是才有了潜意识让同事来置换妻子的做法。不过，这段梦的最后，又一次表达了你内心的犹豫，表明你现在处在两种状态当中，一方面想像以前一样去夜总会放纵一下，另一方面又觉得这样做对不起家人。看来你的内心充满了犹豫和矛盾。

阿图木：的确如你所说，我的内心存在着这样的矛盾。我一方面想好好过日子，对妻子儿女负责；另一方面又经常被那帮朋友诱惑，内心常常会充满矛盾。我明白这个梦了。谢谢老师。

释梦小结

此梦虽然没有明显的性活动，但却充满了性的冲动，因此，从性质上讲，此梦算是一个性梦。大多数的性梦都会伴有生理上的冲动，这是判断性梦的一种快捷方式。不过，也有些梦，看起来充满了性的意味，却没有性的冲动。这样的梦，从形式上讲也算是性梦，却表达了另一层意思，只是要借助性的形式来表达而已。

梦例四：主任要强奸我

梦境描述

我梦到自己下班回家，走到半路上，我们科长打电话让我赶紧回去，到他办公室找他，说有重要事情，于是我赶紧往回赶。可是我回去的时候，却走到了一个宾馆里。我走到408房间，直接推门进去，进门后，发现里面的人好像是主任（单位的一把手）。他看到我之后，就把我叫到跟前，跟我说了一件事情，具体是什么，我记不清楚了，我只知道，我当时并不同意。然后我转身就想走，可是他却拦住了我，好像我必需答应才行，否则，就会有不利的事情发生在我身上。我感觉形势不好，就准备快速逃跑，可是已经来不及了，他一把抓住我，并且把我压在房间的床上，说要强奸我，我奋力挣扎。虽然他并没有脱衣服，也没有撕我的衣服，但我却感觉被强奸了。过了一会儿，我哭着给老公打电话，说了这件事情。老公却说，没事的，要听领导的话，现在赶紧回家。我感到有些生气，然后就醒了。

梦者背景

明媚，女，34岁，公务员，夫妻关系和睦。

释梦过程

明媚：这个梦，我没有对任何人说过，感觉太奇怪了。我们主任怎么会强奸我呢？现实中根本没有发生过这种事情。

抚心人：是呀，现实中根本没有的事情，却发生在梦中。由此看来，这个梦是要借强奸这件事来表达另一件事情。

明媚：那用强奸能表达什么事情呢？我们的交往并不多，甚至见的机会都不多。

抚心人：梦中的强奸不一定就是真实的强奸，可能在表达强迫的意思。或许他强迫你做了一件你不愿意做的事情，你不想做，却不得不做，结果心中就有了压抑，然后梦中也就有了表达。

明媚：我想起来了，他确实强迫我做了我不喜欢做的事情。我在我们单位的机关做事情，可是，领导非要派我去基层锻炼。我们单位的基层都在乡镇，我孩子还小，需要我在身边照顾。可是，从科长到主任都说让我去，并且说我有了基层锻炼的经历，才会有发展前途。我并不想有前途，只想安稳地做一点事情就行了。但是最后，我还是没扛住领导的软磨硬泡，只能去那个偏远的乡镇代职。两周后就要去了。这个梦，是我前天晚上做的。

抚心人：这件事，你肯定要告诉老公的，他是什么反应？

明媚：是的，我告诉我老公了。他说，他也没有办法，只能同意我去，而且还说，既然其他同事都已经有好几个人去过了，迟早也要轮到我去，为这事和领导对着干没有意义。看到他不站在我这边说话，我心里非常生气。

抚心人：看来，你的梦确实是在表达去乡下代职这件事情的感受。由此看来，梦中的强奸也确实在表达领导强迫你的意思，与强奸本身没有直接关联。

明媚：我明白了。可是那个数字408是什么意思？现实中，我们领导的办公室也不在408呀？

抚心人：那408能让你联想到什么呢？

明媚：对了，我想起来了，我们主任办公室电话的后三位是408，另外，他开的车是标志408。这些算吗？

抚心人：当然算，潜意识就是借助这个房间号，表示接下来进到房间发生的事与主任有关。这是潜意识的一种提示。

明媚：最后，我还想问一下，为什么是科长给我打电话叫我回去，却去了主任办公室？

抚心人：我也说不清楚，这也是我想问你的问题。

明媚：或许是因为科长只是传话的人，而主任才是决策的人。

抚心人：你说得有道理，或许科长只是传递了上级的意思，并没有强迫你的意思，而主任才是真正强迫你去代职的人。

明媚：是的，现实是这样子的。还有一个问题，为什么他要强奸我，而我们的衣服都穿得好好的?

抚心人：这可能是因为，你也明白，他虽然强迫你，但却不是为难你，他和你没有私人恩怨，只是完成工作而已。所以表现在梦中，就没有实际强奸的事情发生，而只是形式上的强奸，这表示强迫的意思，但你却感觉像被强奸一样委屈。

明媚：谢谢老师，这下子我明白了。困惑两天的梦终于解开了。再次谢谢老师。

释梦小结

这个梦看起来是个性梦，但表达的意思却与性无关。潜意识只是借助性的形式来表达其他的意思。分析这样的性梦，一定要与梦者共同分析探讨，关注梦者的感受和体验，不可盲目野蛮解释，否则就会闹出笑话。

三、噩梦——锁不住的恐惧

噩梦通常是指内容非常恐怖的梦，常常伴有强烈的焦虑、恐惧情绪的体验。在成长的过程中，人们都会做噩梦，但对噩梦的解释却存在着巨大的差异。我国民间对噩梦的产生一般有三种解释：一是已经死去的人来托梦；二是阴间恶鬼作祟；三是预示着未来有凶兆。人们常采用周公解梦、请法师做法、请护身符等一系列带有浓厚传统色彩的方式来求得内心安宁。

现代神经生理学则认为，噩梦的产生有以下几种原因：一是被入睡前获得的信息刺激所致，比如睡前听恐怖的故事、看恐怖的书或电影、遭遇令人恐惧的事情；二是睡眠姿势不好，如趴着睡觉或手放在胸部压迫了心脏，导致做噩梦；三是身体出现疾病，如头痛发烧、心脏不好造成大脑缺氧或供血不足会导致做噩梦；四是内心压抑了恐惧的情绪，比如经历了一件不为人知的恐惧事件，一直压抑在内心深处可导致做噩梦。德国睡眠研究所噩梦研究专家海富特博士在接受《生命时报》记者采访时表示，噩梦主要分为三种：被追赶或生命受到威胁、失去亲人或喜爱的物品以及陷入迷境。

我认为，噩梦可以分为三类：第一类是与安全受到威胁有关的噩梦；第二类是与濒临死亡有关的噩梦；第三类是与陌生环境、奇怪人物或鬼有关的噩梦。因此，做了噩梦，究竟如何解释，要视具体梦境来分析，不能一概而论。

梦例五：你怎么变成这个样子了

梦境描述

我梦到自己来到了一个朋友的家里，看到一对母女正准备炒菜。她们似乎都没有注意到我。突然听到女儿为炒一盘萝卜向妈妈发火，女儿说炒片，妈妈说炒丝。当女儿向妈妈发火的时候，我看到妈妈变得有点尴尬，甚至有点委屈。我就立即走过去，拿出一根新的萝卜，洗干净，然后用刀切成两半，告诉她们：“不用争了，你们可以根据自己的喜好炒菜了。”她们就不争了。

然后我就进了一个房间，好像我也住她们家一样。进到房间后，我发现床上躺着一个穿着红色衣服的人，我觉得心里有些恐惧，她突然转过身来，我一看，是一个鬼，面目狰狞，我吓了一大跳。我还对她说了一句话：“你怎么变成这个样子了？”好像我之前就认识她似的。然后就醒了。

梦者背景

江河日上，38岁，男，公务员。

释梦过程

江河日上：这是前天晚上做的梦，这个梦真的让人非常害怕。那个女鬼居然出现在我的床上，我现在上床睡觉都会感觉到害怕。

抚心人：你真的现在上床都会害怕吗？

江河日上：是的。

抚心人：那你是看到什么害怕的东西，还是想到什么害怕的东西了？

江河日上：是看到我爱人，然后就想到那个女鬼，尤其是爱人侧躺的时候，我心里更会害怕。但是我清醒地知道，她不会是女鬼。

抚心人：她就是女鬼。

江河日上：啊，老师你别吓唬我！这怎么讲？

抚心人：你说说你在梦中对那对母女的印象和感受。

江河日上：你这么一说，我也觉得那对母女挺像我爱人和我妈妈的。那炒菜是怎么回事儿？

抚心人：你爱人和你妈妈的关系如何？

江河日上：以前挺好的，后来因为一件事情，关系有点僵。不过整体上还不错。

抚心人：能说说那件事情吗？

江河日上：你这么一问，我突然有感觉了，因为这件事也是与菜有关。前不久，我一天中午吃饭的时候，我妈给孩子夹菜，夹的是萝卜。我妈说萝卜是大补之物，让孩子多吃，爱人说孩子不爱吃萝卜，两人就为这事争了起来。我爱人摔了筷子，转身就要走，我妈当时既尴尬，又委屈，差点都流出泪了。我一气之下，扇了爱人一巴掌。从此，她们两人就有了沟通障碍，我和爱人之间也产生了矛盾。她对我非常生气，但是我知道，她一直在忍。我一直害怕接下来，她会有什么异常的举动，让我承受不来。我倒希望她能发泄出来，我知道自己动手打人不对，但当时我就是忍不住。

抚心人：我想，你爱人在这件事情中，也承受了许多的委屈，你不理解她，也没能用更好的方法去处理婆媳之间的矛盾。她心中一定也压抑了许多对你的愤怒。在梦中，红色可以表示愤怒。另外，能出现在你房间床上的女人，也只有她了。所以，穿着红色衣服的人不是别人，而是你爱人。你看到的红衣女鬼，其实就是你的妻子——一个充满愤怒、随时可能会做出令人恐惧举动的人。

江河日上：你这么一说，我理解这个梦了。那她这样子肯定非常危险。

抚心人：当然了，她需要你安抚。你在现实中有没有这么做呢？

江河日上：我当时不理解，我只是经常对她说一句话："你现在变得让我都不认识了。"我感觉，这句话和梦中"你怎么变成这个样子了"意思是一样的。

抚心人：现在，你对这个梦能理解了吧？

江河日上：基本理解了，但还有一个疑点，为什么我会用刀将萝卜切成两半，作为解决她们争吵的方式呢？

抚心人：这种方式，表示你在解决她们之间矛盾的过程中，采用了简单粗暴的方式，过于武断，过于着急。

江河日上：你说得太对了。她们俩平时就经常有一些不愉快，我一般都会通过“各打五十大板”的方式制止争吵。没想到，这个在梦里面表达出来了，梦真可怕！

抚心人：或许正是由于你这种武断的方式，导致她们在内心深处不断地压抑情绪，慢慢地积累，最终导致情绪大爆发。你应该好好反思一下。

江河日上：是的，老师，你说的非常有道理。我是存在这个问题，我会好好回味一下这个梦，然后再好好反思一下自己的问题。谢谢老师。

释梦小结

在噩梦中，与鬼有关的梦非常多。通常在这类梦中，鬼会与情绪有关，红衣鬼与愤怒情绪有关，白衣鬼与抑郁情绪有关，恶鬼与恐惧情绪有关，水鬼与感情有关。当然，这种情绪的背后，都会隐藏着各种不同的事件，是这些事件造就了这些鬼。找到引发情绪的事件，也就找到了理解梦的关键点了。

四、重复梦——梦境所至，情结所在

生活中，人们或多或少都经历过同样的梦或类似的梦境重复出现的情况。为什么梦做过了，还要反复再做呢？这是一个值得关注和思考的问题。一般来说，当人们内心有情结没有被关注或没有被处理好的时候，潜意识就会通过梦境来提示梦者：应该重视这个情结了。不过，梦境通常不会直接提示你情结在哪里、是什么，而是通过一系列的编码机制将情结改头换面，让你难以捉摸，除非你能读懂这个梦。当梦境没有点破的时候，潜意识依然会以相同或类似的方式来继续提示，直到梦者领悟梦的隐义为止。从这个意义上讲，解释重复的梦的必要性更大一些，每个重复出现的梦，其背后可能都隐藏着一个重要的情结，解开了情结，类似的梦就不会做了，梦者也会因此而获得心灵上的解放和成长。

通常情况下，重复梦可以分成两种：一种是同一个梦境，反复出现，表达了相同的意思；另一种是不同梦境，相继出现，但表达了同一个意思。第一种，比较容易理解，也比较多见；而第二种不容易被人们觉察，需要深入分析才能明白。下面，针对第二种情况，给大家举一个例子吧。

梦例六：水流到门外面去了

梦境描述

梦到我回到家里，发现家里有个灵堂，牌位是一位中年女子的，名字看不清楚。我非常震惊，怎么会有陌生人的灵堂出现在我们家里呢？我怎么会不知道这件事情呢？于是，我准备在家里寻找蛛丝马迹，看看会不会找到线索。

就在这时，我突然发现，脚底下有许多水，再看，发现水流出了房门，直到楼梯口。我非常着急，于是赶紧拿拖把之类的东西去挡，但还是没有完全挡住，有一部分水还是流了出去。这时，有一个陌生男子在敲门，说要进来看一下到底是怎么回事。我非常担心会发生意外的事情，于是没有开门，就在门口和他说话。后面不知道怎么回事，就醒来了。

梦例七：我拒绝让他帮我开车

梦境描述

我梦到自己坐在一辆小轿车上，开车的人好像是我老公。我感觉虽然路不是很平，但车开得稳。车速很快，能感到风在车边飞过。车到了一个地方，淡蓝的天空，远处群山环绕，感觉我在一片淡蓝色中，似乎空气中也透着淡蓝色的清香。车子到了一个小树林就慢慢停了下来，这时老公突然不见了，我有点慌张，发现对面来了一个人，我不认识他是谁，但他说要帮我开车，把我送回家。我说不行，我不愿意让陌生人来开我们家的车。他反复告诉我，他是一片好心，可是，我最终还是拒绝了，我一直在等老公回来开车。天黑了，老公还没有出现，我有点恐惧，就自己试着把车慢慢地开了回来，一路上惊险不断。后面就记不住了。

梦例八：想进我家门的同事

梦境描述

我正在家里做饭，突然窗口外面有一个人，是我们单位的一个同事，他在向我招手，还比画一个动作，好像意思是说赶紧开门，他要进来吃饭。我心里有点不高兴，心想：我没有邀请你，怎么你就来了，还这么理直气壮，好像我现在做的饭是专门给你准备的。想到这里，我就告诉他，我们家里有老人在，不方便请他进来。可是他很快就到了门口，我赶紧把门顶住，并且告诉他，有什么事在单位说，不要在家里说。他说，没什么意思，只是帮助我检修家里的电视线路，还说是我之前邀请过他来帮忙的。我就告诉他，线路已经被检修好了，不用再帮忙了。于是他就有点生气，然后就走了。我长出了一口气，然后就醒了。

梦者背景

女性，46岁，大学老师，老公10年前去世，一直未再婚，有一对儿女。

梦的解释

这三个梦，第一个是4月中旬做的，第二个是在5月初做的，第三个是在5月底做的。梦者一口气报告了三个梦，并且强调，她之前总是记不住梦，而这几个梦却记得非常清楚，所以特别想知道这几个梦的深层意思。

经过充分讨论之后，最后我对这几个梦进行了一些解释，梦者恍然大悟。当时是怎么一步一步分析的，具体过程我也忘记了，不像之前的一些释梦过程，我可以通过录音或文字对话来整理，而这个梦，没有录音，我只能凭借梦者的反馈、我的记忆以及梦境的文字描述给大家，说说我当时大概是怎么理解这几个梦的。情况如下：

在第一个梦中，灵堂和牌位不是别人的，而是梦者本人的。梦者老公去世后，她内心一直继续忠诚于他们的婚姻和感情，没有再婚，但生活还得继续。于是，梦者强压着痛苦，继续坚强地生活着。不过，与老公曾经一起幸福生活过的自己已经死掉了，可以理解为心已经死了，表现在梦中，就是牌位在自己家里，但却看不清楚上面的名字。当有人再次追求梦者的时候，梦者开始觉察自己了。水在梦中有情感的象征，水出现在自己脚下，并且向外流出，表示自己是一个充满了情感的人，但自己对待情感的方式却不是任其流淌，而是想方设法去堵住水，不让水向门外流去，表明梦者不愿意将自己的感情流露出来。门口敲门的男子，不是别人，正是现实中追求梦者的男性。他其实并不陌生，正是梦者的同事，之所以梦者用陌生来形容，是因为内心并不愿意承认这样的事实，因为那将意味着自己不再对老公忠诚如一了。由这个梦我们可以清楚地看出，在感情问题上，梦者内心充满了矛盾和压抑，虽然内心充满了感情，但却将其深深地压抑，不过还是挡不住感情从潜意识里表达出来。

在第二个梦里，有一个非常典型的象征——轿车。轿车象征着情感空间，而私家轿车通常象征着个人的感情空间。梦者一开始描绘了一个美妙的环境，以及与老公在一起的美好感觉，这说明梦者对过去与老公的婚姻生活非常怀念。梦中老公突然消失，让梦者产生情绪上的恐慌。这一点符合现实中，老公因突发疾病去世后，家里发生了一系列的争执和矛盾，当时梦者内心的感受也是恐慌的。当另一个男子帮助梦者来开车的时候，她果断地拒绝了，这表示了她对这个男子在感情上的拒绝。在这种情况下，梦者只能自己驾驶小车慢慢地回来，象征性地表达了梦者当前单身独居的婚姻情感状态，同时也非常形象地说明梦者内心的真实感受：恐惧和孤独。

第三个梦，终于说出了以前梦中男人的身份，他是梦者的一个同事，事实上确实有一个同事一直在追求梦者。但是，梦者一直对老公的感情非常忠诚，难以再次投入一场感情，尽管梦者内心也有让同事靠近的想法和冲动，但是在理智上仍然不能接受和同事在一起的事实，因为这样就意味着背叛。梦者的超我太强大了，她始终不能越过这个坎，换句话说，就是受各种传统观念的影响太多了，道德感太强了，表现在梦中就是以老人在家里，不方便请同事进来的理由拒绝了同事。其实，请同事进到家里来是一个象征性表达，表示允许同事走进自己的内心深处。再说得简单一些，就是从内心深处接纳同事，愿意与同事在一起，或接纳同事的情感。

通过以上的分析，我们不难发现，看起来三个梦是在不同的时间做的，似乎之间没有什么关联，但是，它们却表达了同样一个主题：梦者在老公去世后，是否要接受另一个男同事的感情。由于梦者是比较传统的女性，并且与丈夫生前的感情特别好，因此，对眼前示好的男性就表现出了许多矛盾的感受。

接受吧，如何在内心深处面对过去对老公的承诺呢？不接受吧，现实中，这个同事又非常真诚，而且一直坚持追求，同时自己也确实需要有一个伴儿，总是一个人生活着，也不是个事儿。那么，如何化解内心矛盾，解决好这个现实问题，就成了梦者心中难以化解的情结。于是，这个梦总是不断地出现，虽然梦中的情境不断变化，但其表达的情结却始终没有变化。

释梦小结

除了这种在不同时间做了不同的梦，却在表达同一个情结的梦之外，还有一些梦是同一个晚上做的，却会有许多不同的片段，它们所表达的目的通常都是一致的。其实，不管是什么样的梦，在被分析透彻，梦者完全领悟了梦的意义之后，一般就不会再做了。

五、飞翔梦——情绪决定解释

几乎每个人都会做飞翔主题的梦，有的人梦到自己遇到障碍就飞起来了，有的人则梦到自己可以随心所欲地飞起来，还有人被人追赶的时候就会飞起来，等等。各种各样的飞翔梦，它们之间有什么异同？又有什么意义呢？

根据我的研究，虽然飞翔类的梦意义比较广泛，但归纳起来主要有三种解释。

第一种是表示逃避，即遇到困难或麻烦，梦者不能正常应对的时候，即使在意识层面可能还想正面积极回应，而潜意识却常常会遵循内心的感受，于是便以飞翔的梦来表达内心的逃避的意图。

第二种是表示超越，超越就是获得个人精神世界的提升。有时候，当人处在一种快速进步的状态时，会感到身心愉悦，状态良好，此时梦到飞翔往往体现梦者自我超越，身心俱佳的良好状态。

第三种是表示焦虑，当梦者处在飞翔状态时，如果并不是自由自在、随心所欲，而是一直处在恐惧当中，担心自己突然掉下来，那么，此处的飞翔可能是用来表达梦者内心焦虑的感受。

除此之外，飞翔的梦还可能有地位升迁、不太务实等多种解释。值得强调的是，任何一个梦境的准确分析都必须结合梦境描述、梦境体验及梦者个人情况来综合分析。

梦例九：我飞过高压线了

梦境描述

我梦见自己在飞行，越飞越高，越飞越快，很开心的样子。后来觉得太高了，超过了路边高压线，我感到有点危险，不安全，于是就用意念降低了一点速度和高度。然后就降落在了峭壁上，像蜘蛛侠一样贴附在那里。峭壁上面有一块突出的岩石，我向上爬，很怕掉下去，努力用脚踏和手抓的方式维持着。过了一会儿，峭壁变成了墙头的样子，我终于跨过去了，然后回到了地面。心中一阵后怕。

梦者背景

庄妍，女，50岁，已婚，有一个女儿，正在读大学。

释梦过程

庄妍：我很少做关于飞翔的梦，在这个梦中我居然飞起来了。

抚心人：在空中飞的感受如何？

庄妍：就像在梦中一样，刚开始感觉非常好，但突然感觉太高，就有点害怕，想赶紧控制一下，想回到地面，有一种后怕的感觉。

抚心人：最近还有什么事情让你也有后怕的感觉？

庄妍：是有一件，不过，我暂时不想说这个事。因为我觉得这个事可能与这个梦没关系。

抚心人：高压线能让你想到什么呢？

庄妍：会威胁到我的安全，会对我造成伤害。

抚心人：现实中，会有什么事情让你觉得自己的安全受到威胁了？或者说会有什么事情对你造成伤害？

庄妍：呃……怎么说呢？这件事，不好说。

抚心人：这件事情让你感到触及“高压线”了吗？

庄妍：其实，刚才你问我的时候，我想到的事情和现在想到的事情是一样的。应该就是这件事情吧。

抚心人：到底是什么事情呢？看来，你不说这个事，这个梦就卡在这里了，可能这个梦与你不想说的这个事关系密切。

庄妍：那好吧。我，我出轨了。我老公对我不好，不理解我，不体贴我，我朋友趁虚而入，于是，我们就在一起了。我知道自己这么做很危险，但是我抵挡不住他对我好的感觉，我觉得跟我的朋友在一起，自己才找到了一种幸福的感觉。我一直向老公隐瞒这件事情，内心有愧疚、有自责、有焦虑，心理压力很大，觉得像做了什么错事一样，就和梦中越过高压线时的感觉一样。我想赶紧回到正常状态，不想再过这种提心吊胆的日子了。如果老公知道这件事，离婚就是肯定的了。我非常担心，所以，我找了许多借口，拒绝与朋友频繁见面，避免引起不必要的麻烦。真的就像梦中所描述的那样，我虽然停止了飞翔，但却落在了峭壁上，处境依然非常危险。自从控制了与朋友见面的频率和时间之后，我感觉自己的心里能安稳一些，踏实一些。但是，我们依然定期有联系，内心当中那种后怕仍然没有消失，还时不时地出来影响我一下。

抚心人：你有没有注意到，当你讲完这件事情之后，你的梦也就能理解了。梦就是这样子的，你内心压抑什么、回避什么，梦中就会表达什么。不过，这个表达是需要伪装的，不是以本来的面貌直接呈现，所以梦就需要分析。释梦，就是要把伪装揭开，让你看到自己的本来面目，认识那个未知的自己。

庄妍：是的，我在讲述这件事情的时候，我就觉得我好像在为梦做注解，好像翻译古文或英语的感觉一样，真的如你所说，找到了梦要表达的事情，就等于找到解开梦的钥匙。谢谢老师。

抚心人：飞翔是让人愉悦的一件事，但我们总得落到地上才安全。毕竟，我们只是普通的人，不是神仙，空中太危险，缺少交通规则的保护，搞不好又会触到高压线。地面才是我们的栖息之所，回到地面，才是安全的。

庄妍：谢谢老师指点。我知道自己该怎么做了。

释梦小结

在飞翔类的梦中，如何解释飞翔的意义？这主要是看飞翔过程中梦者的情绪感受。上面的梦中，梦者一开始飞翔的感受是开心的，所以，这个飞翔就表示梦者突破了自己的心理障碍，勇敢地和自己爱的人在一起了。对梦者来说，这飞翔表示自我超越，进而获得了身心的愉悦感受。只不过，当意识到自己碰到“高压线”时，飞翔的感觉就突然变成了恐惧和担心，于是梦者就结束了飞翔，慢慢地落到了地面。

由此，我们更加清楚地看到，梦中飞翔的意义主要取决于飞翔能给梦者带来的情绪体验。

六、坠落梦——压抑不住的担忧

坠落梦也是一种比较常见的梦。坠落主要指从一个比较高的地方突然掉落到一个比较低的地方。梦中的坠落有各种不同的形式，有些人梦到正在空中飞行，突然失速而坠落；有些人则梦到在悬崖上行走，突然不慎坠入深渊；还有些人会梦到在平地上行走，突然脚下陷落坠入深坑；还有些人会梦到自己在高楼上，一不留神掉落下来，快落到地面时突然清醒。同样是坠落，不同的坠落方式、不同的坠落地点，以及坠落时的不同情绪感受都决定了坠落梦的不同解释结果。

从形式上看，坠落是位置的突然下降，一般事发紧急，难以预料，令人感到恐惧和担忧。人们之所以能做坠落的梦，往往与内心深处潜在的压力感受和潜在的担忧有关。潜在的担忧被深深地隐藏在潜意识当中，不能、不愿或不被重视，也找不到机会表达，所以就以坠落的形式来提示梦者。分析解释坠落的梦，应尽可能从坠落的原因、情绪感受以及背后的事情着手，才会对梦者有重要启示。

梦例十：我被蟒蛇逼下了悬崖

梦境描述

我梦见和一个女同事一起往前走，前面是片林荫大道，感觉非常好，尤其是在这个背景的陪衬之下，女同事看起来更加美丽。走着走着，感觉到了秋天，叶子不停地往下掉，我心中有一种隐隐的担心，或者叫一种不祥的预感。

突然间，场景就转换到了一个山崖旁边，我正在小溪边找什么东西，突然发现不远处有一条黑色的大蟒蛇顺着流水正在靠近我。我害怕极了，赶紧往后退，与此同时，我还在想用什么样的方法对付它。突然，我想到了它最害怕爆炸声了，于是我就准备从口袋里找出一个打火机。我知道，把打火机使劲扔在地上，可能会引起巨大的声响，然后蟒蛇就后退了。于是，我准备趁它不注意，把打火机扔出去。可是，我不知道我已经退到了悬崖边上，就在我准备扔打火机的时候，一不小心，我掉了下去。在空中的时候，我内心非常后悔和内疚，当时大脑中的第一反应是，我觉得自己对不住家人。好像刚想完，坠落的速度一下子就加快了，我慌手慌脚地大喊一声，然后我就醒过来了。

梦者背景

红日，男，39岁，已婚，私营企业主，爱好心理学。

释梦过程

红日：老师，这个梦，我在《周公解梦》上查过了，上面说我可能会破财。你看看是这样吗？

抚心人：现在破了吗？

红日：怎么说呢？也损失了一些钱，但不知道是不是梦里所说的。

抚心人：你是在哪方面损失了钱？

红日：花到一个朋友身上了。

抚心人：一个朋友？

红日：是的。一个异性朋友。

抚心人：怎么回事？能细说一下吗？

红日：是一个一起登山的驴友。还有好几个朋友，我们经常一起去登山，时间长了，我们俩的接触也就多了。除了登山之外，我们私下还有许多次接触，后来慢慢地就产生了感情。当然我在她身上也花了不少钱。我不知道《周公解梦》里说的破财是不是这个意思，我个人总觉得有点不靠谱。所以请老师分析一下。

抚心人：梦中这个女同事和你的这个女朋友像吗？

红日：呃……像，她们俩都很漂亮，而且年龄一样大，大学所学专业也是一样的，都是计算机应用专业。

抚心人：这些相似点，就足以让两个人在梦中发生置换了。换句话说，梦中的这个女同事，其实就是你的女朋友。

红日：是的。在梦中，我虽然和女同事在一起，但感受到和女朋友在一起的感觉。

抚心人：这就对了，这充分说明，梦中的女同事就是女朋友。但是，你们刚开始在一起感觉那么温馨，那么惬意，怎么会突然出现了顺流而来的蟒蛇呢？看起来这两个场景转换得有些突然。

红日：这正是我纳闷的地方。

抚心人：对了，你们之间有没有发生让你感觉突然的事情呢？

红日：有，关系突然变了。

抚心人：怎么回事？

红日：经过大约半年的交往，我们之间已经无话不谈了。她还会参与我们公司的事情，甚至会影响我公司的决定。前不久，她突然告诉我，她辞职了，说要来我公司上班，还让我将公司的20%的股份转让给她。说那样，她心里才会踏实，才会真正地感觉到我是喜欢她的。这个时候我才如梦方醒。这一切看起来滴水不漏，好像也只有在电视里面才会出现的事情，居然发生在我身上。我是不可能答应她的，因为，我公司是我和小舅子一起合伙注册的，虽然我是法人，但公司所有的事情，小舅子都有知情权，现在我突然转让股份给一个女人，他会怎么想呢？后果可想而知。

抚心人：如果你不按她说的去办，结果会怎么样？

红日：她也没直接说会怎么样，好像还不愿意撕破脸皮。不过，她曾经对我说过，如果不愿意转让股份，就让我给她一笔钱。否则，可能后果会很严重。我一直搞不明白，我怎么会不知不觉地掉入这样的一个陷阱。

抚心人：现在，你明白自己在小溪边找什么东西了吗？

红日：找什么东西？

抚心人：找原因。

红日：找原因，有道理。我一直在反思自己，为什么我们的关系会走到这一步。其实，她辞职的时候，我们的关系恰好也出现了一点点小问题，当时我就有一种不祥的预感，总感觉会发生什么意外的事情，只是当时没好意思说出来。

抚心人：没错，梦中的预感和现实的预感是相互对应的。那顺水而来的蟒蛇怎么解释呢？

红日：那蟒蛇一定是代表她了？！

抚心人：没错。溪水可能代表了感情，蟒蛇象征着女朋友的险恶用心，黑色的大蟒蛇顺水而来，并且这一切都发生在悬崖边上，这些形象地说明了你们的感情一直就充满了危险，而你却愿意铤而走险。

红日：是的。也许我一开始就错了，我不该背着家人发展这段感情，真是害人害己害家庭。

抚心人：那后来，梦中说你用打火机制造爆炸声又代表什么意思呢？这是否说明你在现实中找到解决问题的办法了？

红日：应该是的。我打听到，她有一个男朋友在外地。下周准备来西安找工作，然后就不走了，定居在西安，并且他们还准备年底结婚。我猜想，她这会儿最害怕的就是我把这个事情闹大，让她男朋友也知道这个事情，那样的话，他们的关系也就破裂了。可是我也担心，我这么做，我爱人会知道这个事，到时候，事情会闹得更大，会影响到我的家庭。但是我没有更好的方法了。我不能在自己家门口吃亏，我咽不下这口气呀。

抚心人：看来把事情闹大并不是一个好方法，就像你在梦中用打火机制造爆炸声一样，虽然可以吓唬蟒蛇，但同时也可能会伤到自己，因为蛇已经靠近你了。

红日：是的。蛇就在离我一米远的地方，我也意识到打火机爆炸会炸伤我的眼睛，可是我没有更好的办法了，只能这么做了。

抚心人：梦的最后一部分说到就在你准备扔打火机的时候，突然从悬崖边上掉下去了，然后在坠落的过程中感到非常后悔和内疚，再然后就醒了。梦做到这个时候突然就醒了，应该是在提示你用扔打火机的方法来解决这个问题是靠不住的。那种后悔和内疚应该也是你最近内心的真实感受。

红日：是呀，我整天都感到后悔和内疚。可是，我真的没有更好的办法了，现实中，我不想再后退了，那样我真的会掉下悬崖的，我得想想办法。我该怎么做呢？

抚心人：对不起，我也只能帮助你理解这个梦，我也不知道你该怎么办。我只能告诉你，不能再退了，后面是悬崖，再退就真的要掉下去了。与其等到掉下去的时候再清醒，还不如转过身去，看看身后离悬崖还有多远，然后再决定怎么做。

红日：谢谢老师，我知道我该怎么做了。

释梦小结

在梦中，坠落通常都会使人从梦中清醒过来，此时的感受非常重要，那是释梦的一个突破口。就拿上面的梦来说，如果我们从梦最后面所描述的后悔和内疚的情绪感受入手，这个梦也同样可以轻松地分析透彻。

七、预测梦——分析梦境，预测未来

自古以来，对未来的预知一直是人们梦寐以求的愿望。明天会怎么样？未来会怎么样？这是让人们最揪心的事情。在古代，人们常常会通过龟甲、星象等占卜形式来预测吉凶和未来，而且只有皇室贵族、官宦人家才能享受这一权力。对于普通百姓来说，他们预测未来和吉凶的主要方式是解梦，这也是《周公解梦》当时产生的重要原因，更是《周公解梦》的编写形式充满浓厚的预测意味的直接原因。

时至今日，人们仍然相信梦境具有预测作用，而据现代心理学研究发现，具有预测作用的梦确实是有的，但其比例特别小，大约只占5%。也就是说，绝大多数的梦都是没有预测作用的，它们主要是反映过去，反映一个人内心被遗忘和压抑的情绪情感和态度体验，与未来没有直接关系。或许对过去的充分感知和完全掌控有助于对未来的思考和判断，不过那不是梦境的预测，而是人在清醒状态下的认识与判断。

那么，如何才能甄别出来哪个梦是有预测作用的？答案只有一个，那就是分析梦境。

梦例十一：乌鸦啄瞎了他的眼睛

梦境描述

梦里看到一棵大树，我站在大树下抬头仰望这棵树，很粗，两个人合抱那么粗，直冲云天。男朋友站在树下，背靠着大树，两只眼睛闭着，一直在流血。看到这场景，我没有一丝的心疼。我问他怎么了，他说要带我上这棵树顶上住，树冠上住着一只乌鸦，啄伤了他的眼睛。这时，我看到那只乌鸦离开窝，向西边飞去了。

梦者背景

45岁，女性，离异，正在谈恋爱。

梦的解释

梦者报告说，梦醒后，她准备给男朋友打个电话，没想到，电话还没有拨出去，她就接到了男朋友拨过来的电话。男朋友称自己的视力不好，有一只眼睛视野很窄，几乎看不见了，没查出什么原因。一年后他被诊断为青光眼，然后两只眼睛陆续都做了手术。在报告这个梦的时候，梦者一直在强调自己的梦具有预测性。那么，这个梦是不是真的就具有预测作用呢？我们可以从三个方面来分析一下。

首先，从时间上来看，梦在先，事在后，好像存在时间上的先后关系，在形式上具备预测的基本条件；其次，从内容上看，梦中的情境与眼睛有关，而在现实中所发生的事情也与眼睛有关，似乎确实有关联；最后，从象征意义来看，乌鸦是一种不祥的征兆，象征着凶事，民间有一种说法叫"乌鸦叫，灾祸到""乌鸦当头过，无灾也有祸"，现实中，即使在梦中梦到乌鸦，人们也会或多或少在内心当中产生一种不祥的感觉，梦中有乌鸦，现实中就有灾祸，确实有预测的意味。综合这三个方面，我们不得不承认，此梦还真的具有预测的意义。

释梦小结

对于具有预测作用的梦，解释的意义不大，而它可能会预测什么才是人们关注的重点。大家可能要问，梦的预测作用是否具有一定的科学性呢？这是一个比较难回答的问题，至今为止，这个问题仍然是一个谜团，没有人能给出一个确定且公认的说法。不过，我们依然需要用科学的态度来审视这个问题。就像弗洛伊德当年在谈到梦的预测作用时所秉持的态度一样："十多年前，当这些（关于预测的）问题首次进入我的视野时，我也曾感到一种担心，以为它们使我们的科学宇宙观受到了威胁。如果某些神秘现象被证明是真实的，恐怕科学宇宙观就注定会被唯灵论或玄秘论所取代了。但今天我不再这么认为了。我想，如果我们认为科学没有能力吸收和重新产生神秘主义者断言中的某些可能证明是真实的东西，那表明我们的科学宇宙观还不十分信任科学的力量。"

那么，我们如果从科学的角度来分析的话，这种具有预测性质的梦该如何解释呢？心理学家荣格曾经引入共时性的概念来解释这一现象。荣格认为，共时性是指两种或两种以上事件的意味深长的巧合，其中包含着某种并非意外的或然性的东西。共时性事件一般需要三个条件：非因果性、同时性和有意义的联系，同时满足这三个条件或只满足其中的一个或两个，都可以视为共时性。

荣格曾经说过一个案例。一个受过良好教育的女病人，跟荣格说了一个她的梦，她梦见一只飞舞的金色甲虫不停地扑打着窗户，显然想进入她的房间。荣格听着这个梦，突然发现窗户上居然有一只和女病人所描述的样子一样的虫子。于是，荣格就打开窗户，让那只飞虫进来并捉住它。这时，病人发现那只虫子是一只金绿色甲虫，与她梦中的金色甲虫非常相像。荣格认为，并不是病人梦到金色甲虫，然后金色甲虫就出现在窗户上，也不是病人看到金色甲虫，然后就想起了这个梦，金色甲虫飞到窗户上和女病人谈到这个梦只是两个不相干的事情。只是两件事在同一时间和同一空间内发生，人们会在内心深处觉得它们之间应该有某种神秘的联系。其实，那只是事件与事件之间的一种普遍的联系方式而已，具有一定的偶然性。当人们内心的某种活动和外界的事件之间发生了时间上或空间上的偶合时，共时性效应就发生了。这并不代表着预测，也不是什么神秘的现象，而是一种正常的自然现象而已。只不过，当人们不能为这种现象做出科学解释的时候，就会认为这种从一种事物的变化可以获得另一种事物的变化，是一种预测，即便是这种相关的概率很低，也具有了预测的意味。所谓的预测，那只是人们的主观世界对客观现象的一种理解方式罢了，假如我们没有注意到这些现象，一切也就变得没有意义了。就像梦一样，假如我们不去关注它，它便没有任何意义。

荣格所说的共时性效应可以部分帮助我们理解预测性的来源。但我一直坚信，梦境的预测一定有某种我们忽视或没有关注的隐藏原因。就《乌鸦啄瞎了眼睛》这个梦而言，我曾经与梦者进行过讨论，结果发现，梦者在做梦之前，也已经关注到与男朋友的眼睛有关的一些奇怪的现象。比如说，他突然看不清楚东西，或经常用手揉眼睛，过度地关注视力等。这些看起来是很平常的信息，但对于梦者来说，她的潜意识会捕获到，并进行一些推理，这种推理从来都没有表达出来，只是内心的一种感觉而已。时间久了，内心压抑的内容非常多，于是就通过梦表达了自己的担心和顾虑。而非常巧的是，男朋友的病情也就在这一时间恶化了，于是共时性效应就发生了。看起来，梦境具有一定的预测性，但实际上，这两件事情只是在时间上发生了巧合而已。其实，所谓的预测，我们可以理解为是梦者的一种担心和顾虑恰逢其时地应验了。于是，给人在主观上造成了一种错觉——梦具有预测性。

我个人也曾经做过两次具有预测意义的梦。一次是在高考那年，在成绩公布之前的一天晚上，我梦到一个邮递员告诉我，我考上了大学。成绩出来之后，一切正如梦中邮递员所言，我考上了自己报考的大学。看起来，这个梦真的有预测性，但实际上，我倒觉得，是我个人在高考中发挥得不错，自己感觉能考上，于是才做了这样一个梦。因此，所谓的预测，也只是自信的一种延伸表现而已。

还有一次，是我研究生时期参加英语六级考试的时候，在成绩公布之前的一个晚上，我梦到自己的成绩刚刚过了合格线。成绩出来之后，我果然通过了考试，而且成绩只与梦中相差0.5分。看起来我的这个梦也具有预测性。其实，我答完题之后曾经与几个同学粗略地估算过一次自己的分数，我心里大概知道自己可能会得多少分，只不过当时并没有合适的机会说出来，之后就做了这个梦，梦中出现了一个具体的分数。尽管两个分数相差无几，但我相信，这一次的预测也只是一种巧合现象而已，不具有必然性。

后来，我还有许多梦，自己以为有预测性，结果发现，根本不是那么回事儿。

总之，预测性的梦，或许都会有某种潜在的想象、推理预先存在，但却没有表达出来，于是就构成了遗忘或压抑，然后在梦中呈现的时候，我们自己以为是预测，其实，只是一次记忆的重现而已。

八、连续剧梦——梦境万变，主题不变

许多人都看过连续剧，大家也都知道，连续剧是通过许多不同的场景、人物和事件来反映剧本的主题，不管连续剧有多少集、演员有多少个、场景如何变化，其主题是永远不变的。连续剧的梦也是如此。同一个主题的梦也会通过变换人物、场景、事件、感受等元素来进行表达，也就是说，梦的隐意层层推进，梦境持续发展，主题却一直恒定不变。正是由于这一原因，我们在释梦的时候，对于连续剧的梦要给予高度关注。因为，潜意识通过变换多个梦境来表达同一个主题，那么，这个主题一定非常重要，不可小觑。

梦例十二：老师像我的妈妈

梦境描述

梦到我儿子上小学了，我送他到学校后，居然没有回去上班，而是也坐在教室的后面一起听课。听着听着，老师突然问了我儿子一个问题，他没有回答上来，我感觉儿子好像非常紧张。老师走过去，对他说了一些什么话，好像是安慰的意思，然后他就不紧张了。过了一会儿，我突然发现，老师又朝我走过来，然后用手抚摸着我的头，再冲着我笑了一下，当时，我的内心有一种非常温暖的感觉，有一种想把老师叫妈妈的冲动。

梦例十三：老师像我的妻子

梦境描述

我梦到好像下课了，大家从学校往回走，老师、儿子和我一起上了车，我

开着车，老师和孩子坐在后面，我从后视镜里看了一眼，突然感觉老师的样子像是我的爱人，但又不能确定。我想，车到家里的时候，我可以看清楚到底她是什么样子。可是，车到家了，就在准备下车的时候，我突然发现车后面并没有人，我心里还在纳闷，明明看着他们坐在车上，怎么就不见人了呢？一着急，就醒了。

梦例十四:我管妻子叫妈妈

梦境描述

不知道什么时候又睡着了，我梦到自己下课后回到家里，发现妻子正在给孩子辅导功课，我站在旁边，感觉非常温暖。突然，妻子告诉我，让我也把作业拿出来一起写，还说她帮我辅导。我没有拿作业，只是轻轻地坐在妻子旁边，轻轻地喊了一声妈妈。妻子有点惊讶，然后我就突然醒了。

梦者背景

凤舞八天，男，38岁，已婚，企业员工，兼职释梦师，有一个儿子正在上小学。

释梦过程

凤舞八天：这三个梦是我前天晚上做的。当时我躺在沙发上玩手机，后来就直接睡着了，然后就做了第一个梦。后来起身上了一次厕所，然后回到床上，做了第二个梦。中间又醒了一次，然后做了第三个梦。我个人的感觉，这个梦可能反映的是我和妈妈之间的关系。

抚心人：能不能说说你和妈妈之间的事情呢？

凤舞八天：我妈妈非常爱我，她是一个小学老师，我从上一年级开始就一直在妈妈的班里上学。上到三年级的时候，我妈妈因为得病，突然去世了。从此之后，我就和爸爸一起生活，虽然也很快乐、很幸福，但内心当中，总觉得缺少了什么。

抚心人：那你觉得缺了点什么呢?

凤舞八天：母爱。

抚心人：没错。缺少了母爱，对你有什么样的影响?

凤舞八天：具体我也说不清楚，就是看到别人的妈妈和孩子在一起的时候，会想到自己的妈妈。

抚心人：你爱人是什么职业?

凤舞八天：老师，小学老师，和我妈妈一样。或许我找我爱人也与此有关，我以前好像没有注意到这两件事情之间的联系，不过，你刚问的时候，我觉得我爱人除了是小学老师以外，还有许多特点与我妈妈相似，或许我找她也是受到了这些因素的影响。

抚心人：你和爱人一起生活了这么多年，她给你的感觉是什么样子的?

凤舞八天：总体还不错，当她表现出母性的一面时，我经常会感觉到非常幸福、非常温暖、非常满足，这种感觉与我小时候和妈妈在一起的感觉非常相似。但是，如果她表现出不耐烦的一面时，我就会生气、焦虑和不安，感觉不认识她了。

抚心人：或许，她并不知道，她身上的某些特征与你妈妈相似，这一点深深地吸引着你。

凤舞八天：是的，我也从不说起这些，因为，我不想让她意识到自己背负了我妈妈的角色，我只想让她自由地生活。

抚心人：如果她能自然地流露出与你妈妈相似的特点，你会感觉更好一些，可以在内心世界象征性地和妈妈在一起，是吗?

凤舞八天：是的。对了，我突然想起来，在我的记忆中，我一直感觉上小学的时候，是我最幸福的时光。那个时候，就是因为我妈妈在，她会关心我，让我感觉到幸福和快乐。所以，我特别怀念小学的时光。梦里呈现出来的恰恰是上小学的情境。

抚心人：你孩子多大了？

凤舞八天：八岁，上三年级。我大概就是在这个年龄的时候，我妈妈去世了，难怪我会做这样的梦。另外，我小孩的班主任也是一位女老师，学校第一次开家长会的时候，我就是坐在后面。当时我也想到了我妈妈，虽然只是一闪念，但内心却有一种强烈的思念。没想到，它居然跑到梦里了。

抚心人：在第二个梦里，你、老师和孩子一起在车上，怎么会感觉是爱人坐在车上呢？

凤舞八天：很显然，梦中，老师置换了爱人，因为她们都是小学老师。是这样子的，我爱人是我们镇上中心小学的老师，教五年级，而我孩子是在城里上学，我经常会和孩子一起去镇上接爱人回来。所以，出现他们在车后面的情况，我觉得挺正常的。

抚心人：在梦中，老师置换了爱人，倒是可以理解，那为什么，他们会突然不见人了？

凤舞八天：在梦里，我分不清后面坐的是妈妈还是妻子，我想，可能当时我把她们想象成小时候的我和妈妈了，每当我看到妻子和孩子在一起温馨的样子，我都会想到过去我和妈妈在一起的日子，因为我和妈妈在一起的时光已经一去不复返了，所以，在车快要到家的时候，他们就消失了。似乎潜意识在提醒我，该醒醒了，回到现实中来吧。

抚心人：你的理解非常有道理。如果前两个梦能理解，那后面的梦就更加容易了。

凤舞八天：是的，我现在也觉得后面的梦我能理解了。最后这个梦让我想起小时候的事情。我上小学的时候，妈妈经常给我辅导作业，那个画面常常浮现在我脑海里，感觉就如同我爱人给孩子辅导作业一样。一看见这些，我就会有感觉。

抚心人：这就解释了为什么你会在梦中将妈妈和妻子置换，将孩子和你置换。不过，将妻子喊妈妈就显得有点让人惊讶了。

凤舞八天：在现实中，我内心当中常常会想，妻子太像我妈妈了，甚至我在妻子面前都说过，她又当妻子又当妈。妻子不太理解，她也会表示吃惊，甚至还会生气。可是，无论如何，我内心当中都是这么想的。这一点无法改变。

抚心人：当妻子对你的认识没有表示赞同和认可的时候，你内心当中自然会将这种感受继续压抑或者留存下来，然后，在梦中进行表达就顺理成章了。

凤舞八天：嗯，看起来是三个不同的梦，但表达的主题是完全一致的，都是在表达我怀念妈妈的情结。

抚心人：是的，这就是连续剧的梦，三个梦，从逻辑上可以推理，就好比一个连贯的事件，先是上学听课，然后是下课回家，回到家后辅导作业，看起来非常像连续剧。

凤舞八天：我的生活也基本就是这样子的，送孩子上学，送爱人上班，放学接孩子回家，然后接爱人回家，晚上就是给孩子辅导作业。看起来，我整天都在受恋母情结的影响，呵呵。我明白了，谢谢老师的陪伴。

释梦小结

一般来说，连续剧的梦主要有两类。第一类是同一个晚上先后做了多个梦，梦境各有不同，但梦与梦之间有比较合理的潜在逻辑关系和先后顺序，虽然各个梦都有自己的表达内容，但组合起来却可以形成一个完整的主题；第二类梦是连续或间隔的几个晚上，做了不同的梦，但这些梦的主题一致，且蕴含潜在的先后顺序和逻辑关系。无论是哪一种类型连续剧的梦，都在表达同一个主题，如果确定了连续剧的主题，也就找到了破解这类梦的根本方法。

九、清明梦——清醒状态下也能做梦

清明梦，不是清明节前后做的梦，而是指人在清醒状态下做的梦，所以又被称作清醒梦。说到清明梦，可能有人会想到白日梦，其实，清明梦跟白日梦并不相同。清明梦是梦者于睡眠状态中保持意识清醒，然后产生了梦境，而白日梦的梦者没有进入睡眠状态，是在保持清醒的状态下进行冥想或幻想。

清明梦一词首先由荷兰医生弗莱德瑞克·万·艾德恩（Frederick Van Eeden）在1913年提出。他认为，清明梦发生在清醒的状态下，梦者可以在梦中拥有清醒时候的思考和记忆的能力，部分人甚至会觉得自己梦境中的感觉跟现实世界并无二样，但却知道自己身处梦中。处在清明梦中的时候，人的意识对周围所发生的一切有一定的觉察，甚至还可以去控制它们的发生过程及表现形式。不过，此时大脑中所发生的一切也同样受潜意识影响，所以具有分析的价值。

前不久，我做了一个梦，从性质上讲，应该属于清明梦。有一天中午吃完饭，我给车子装了行车记录仪，回来之后，感觉有点困了，就到床上躺下，我想：如果以后遇到碰瓷的人，有行车记录仪，我就不用再害怕了，一定能说得清楚。想着想着，我就感觉自己睡着了。不过，我仍然在想着各种碰瓷的场面以及我应对的方法。

突然，我感觉自己开车要去参加一个重要的聚会，说是人都到了，就差我和另外两个同学了，他们俩也在我的车上。我们正在赶路，发现了一条近路，不过，要通过一个火车道口和一条比较窄的巷子，由于这条路能缩短至少半小时的路程，所以，我决定走近路。

就在我快要通过火车道口的时候，一个骑着自行车的中年男子迎面过来，眼看就要碰到车子了，我赶紧踩刹车，车稳稳地停住了，男子的自行车刚刚能挨上我的车头，应该没有任何影响，最多是掉一点皮。车上的同学说，他应该也不容易，别为难人家。我同意同学的说法。

就在我准备走的时候，男子突然挡在车前，他说："你碰了我，你得赔钱。"我赶紧下车，仔细察看了自行车、我的车子，还有这名男子，发现没有任何撞击的迹象。但他非说，要上医院检查。我强压住怒火，心想，难道这就是传说中碰瓷的人？幸亏我装了行车记录仪。不过，这个时候，我还不想急着告诉他行车记录仪里有证据的事。我跟他说，可以去医院。只见他马上东张西望，发现路边有一个小诊所，然后赶紧走过去，说要进去检查一下。我在外面等着，然后和同学商量了应对方案。

此时，我能听到我爱人在房间里走来走去，好像是在拿什么东西。我心想，千万别吵醒我，让我把这个梦做完，看看他会玩什么花样。

就在这时，我看到他又走到我跟前，说让我赔500元钱了事。我当时心想，中午的聚会就不去了，反正是一个梦，中午干脆就专门处理这个事情吧。这个时候，我脑子里突然冒出一个想法，先吃饭。我告诉同学，说一起吃午饭，不过，我要和这个男子单独吃。我想私下在吃饭的时候和他讨论一下这个事儿，让他吃完饭走人，别再纠缠我了。因为我手里有证据，只是我不想拿出来，一旦拿出来，他可能要被拘留。饭上来了，我清楚地知道，自己刚刚吃过饭了，所以我让他吃。我在一边陪着，然后讲道理，告诉他我车上有行车记录仪，只要我报警，警察来了一定会相信我，而不相信他，并且要拘留他，所以请他以后不要做这种事，要靠诚实劳动挣钱。他似乎听进去了，满脸的感激，低下了头，眼泪都快掉出来了。

吃完饭，他告诉我，这顿饭他请了，并且还告诉我以后如何合理躲避碰瓷。

我听完，心里非常满意。我把事情的发展变化告诉同学以后，他们也非常诧异。问我用什么心理学方法说服了他，我当时只说了两个字：用心。

接下来，我就听见旁边一串银铃般的笑声，然后又听到我女儿的声音："爸爸，你说要带我去玩，啥时候去呀？"

我爱人赶紧说："别打扰你爸爸，等他睡醒带你去。"

我知道，是爱人在劝孩子。我当时心里在想：孩子太小，不知道我在睡觉的时候不能打扰，可以理解。然后又默默地说："孩子呀，别打扰我，等我把这个梦做完就带你去。"

接着，好像又回到了梦中，男子走了，我和同学又回到了车上。我突然发现，行车记录仪其实没有接上电，我的手机一直在电源插孔里。看到这一切，我着实感觉到了一阵后怕。此时，我突然又为自己刚才的沉着冷静感到欣慰。就这样，我笑着从梦中醒来。

醒来后，我就赶紧把这个梦记录下来。经过分析，我发现，清明梦与现实非常贴近，它把意识思维与潜意识思维混在一起，所以，一会儿在梦中，一会儿在现实中，甚至已经回到现实中，还可以通过意识控制，再次回到梦中。

就此梦而言，其实，我想表达的真实意图是行车记录仪虽然能提供证据，但最好别让它派上用场，也就是说，最重要的不是在出事后如何推脱责任，保全自己，行车安全才是第一位的。在某种程度上讲，行车记录仪并不安全，人和人之间的真诚才是最重要的，它的作用胜过任何的安全仪器和设备。这或许正是梦要告诉我的，也恰恰是我忽视了的东西。

释梦小结

清明梦，一般都会源于现实事件，与现实交织的内容比较多。在梦中，人会清楚自己正在做什么，甚至可以掌控做事的节奏，看起来不像是一个真实梦，但是有许多内容与现实不太一样，属于潜意识的杰作。所以，清明梦还是可以分析的。不过，在分析清明梦的时候，一方面要注意与现实关联，清明梦通常可以容易地找到梦的材料的现实来源。另一方面要注意解释深度，由于清明梦通常不是在深度睡眠时做的，反映的也多半是近期被压抑、遗忘或忽视的事件，所以在解释的时候，一般都不会太深入。

十、小儿梦——没长大的自己

小儿梦，简单地说，就是梦到小孩，或者说做梦时老是梦到小孩。《周公解梦》认为，梦到小孩，可能预示着要被小人算计。如果从科学的角度来分析，也真的是这样子的吗？答案是否定的。我想，问题的关键应该是看梦中的小孩是谁？在梦中扮演了什么角色？小孩在梦里做了什么事情？带来了什么样的后果？梦者面对小孩时有什么样的情绪体验？诸多因素共同决定对小孩子的解释，而非一味地梦到小孩就解释为“可能预示着被小人算计”。

此处，举一个梦例来说明。这个梦来自于释梦微课堂上的一个女性梦者，她32岁了，已婚，育有一个女儿，她报告的梦很有代表性。这个梦大概是这样子的：

我从外面回来，刚准备回家，突然发现隔壁家的小孩子，大约三岁左右，站在我家门口，用手拍门，我走过去告诉她，你家在隔壁，为什么要来我家呢？她没有理我，使劲地敲门，这时，我老公出来了，小女孩见到我老公后，就直接喊爸爸，我有点生气，我说，不许你进我家的门，你回你家去吧。可是，小孩力气很大，硬是掰开了我们家的门，正要进去，我一着急，就醒了。

梦报告完后，还没等我说话，梦者就开始自言自语地说了起来：“我以前老是做这种与小孩子有关的梦，有时候，梦里的孩子就是我家的小孩了，而这个梦里的小孩子却是隔壁家的孩子，要说这个孩子吧，我也认识她，但是不熟悉，她为何出现在我的梦里，还把我老公叫爸爸，这简直是不可思议。”

我接着她的话说：“显然，你不是专门为了隔壁家的孩子而做这个梦的。

这个小孩应该另有所指。我不知道，你们家里，除了孩子之外，还有谁的性格不成熟，像小孩一样。”

梦者惊讶地答道：“那还有谁，就是我了，我老公整天说他养了两个小孩，一个大小孩，一个小小孩，我很不高兴，我不想让他这样说我，讽刺我，贬低我，其实，我只是有时候做事幼稚、遇事胆小而已，我觉得，他不应该这样说我。”

我说：“你老公可能说的没错，甚至是很准确。现实中你不愿意承认你身上小孩子的一面，正如梦里你不愿意让隔壁家的小孩子进你家门一样。你若让小孩子进了家门，也就算是从内心深处接纳了自己不成熟的这一面了。对了，你老公是一个什么样的人？”

“我老公他不爱多说话，心胸很豁达，内心很强大，处事很干练，有点像我爸爸的样子，这是我喜欢他的地方，可是他那样说我，我还是无法接受。不过，你前面的分析还是很有用的。”梦者似乎知道我要问这个问题，回答的特别迅速，最后才补充回应了一下我前面的分析。

我说：“有时候，你可能在内心深处已经把他当成爸爸了，只不过，你自己也不愿意承认这一切而已。”

梦者笑了，然后说：“没错，我是这样想过。其实，说到这里，我已经基本上明白这个梦的意思了。在你帮助我分析这个梦之前，我一直相信我闺蜜给我的提醒，她说，让我小心一点，可能有小人，而且应该是个小女人，将要第三者插足了，我的婚姻将会遇到危机了。吓的我整天偷着翻老公的手机，什么也没有发现。现在想想，真是笑死人了。”

我松了一口气，然后继续解释：“其实，每个人在成长的过程中，都有可能存在没有完全成长起来的那一部分人格，或是因为受到创伤，或是因为未受重视，或者因为受到非正常的压抑，当这部分人格表现在现实中的时候，就会显得幼稚、不成熟，荣格的分析心理学里常常将这个小孩子称之为内在小孩子，或者叫内心儿童，而我习惯于将这个小孩子称为不成熟的子人格，即没有成长起来的一部分人格。”

此时的梦者已经对我的分析产生了浓厚的兴趣，她又问道：“那怎么样才能让这个小孩子长大呢？”

我无法推辞，只能认真地解答：“这个问题问的好，未成长起来的这一部分子人格需要精心呵护和爱的滋养才能成长起来，如果你允许了梦里的小孩喊你老公爸爸，那么，她就获得了滋养的机会。当然这是一种象征性的说法，我的意思就是，在老公面前承认自己幼稚、不成熟的一面，便是让她成长起来的第一步。一般来说，要让不成熟的子人格成长起来，需要有持续稳定的精神滋养，梦者可以有三种选择：第一种是通过持续的读书学习来自我成长，这种成长方式往往比较慢，缺乏针对性，通过此条途径达到目的的人并不多；第二种是通过与爱人或其他家人的良性互动、深度沟通来持续滋养不成熟的子人格，这种方式往往对家人的要求比较高，大多数家人做不到或者做不好；第三种是通过接受长程的心理分析，如果选择了分析师，未成长起来的这一部分子人格会很快成长起来，只是，需要的时间可能比较长，短则半年一年，长则一年两年。总体来说，没有成长起来的这一部分子人格是心理成长中的失误，是许多心理问题或困扰产生的根源，若通过梦的分析发现了这个问题，应该感到幸运才对，因为许多人一辈子也没有发现这个问题，从而一生都深受困扰，当然，发现了问题之后，也要高度重视并行动起来，才不枉你分析过这个梦。”

梦者先是沉默了许久，然后告诉我，自己知道该怎么做了，并对我表示了深深的谢意。

释梦小结

人人都可能做过关于小孩的梦，但是，关于梦中小孩子的解释却常常大相径庭，一般梦到小孩可以考虑从三个方面去分析：一是从置换的角度来分析，就是看看梦中的小孩是否代表了另外一人，这个人可能的确是一个小孩，也可能是被视为小孩的大人；二是从子人格的角度来分析，就是要看这个小孩是否是梦的一个未成长起来的子人格；三是从原型的角度来分析，即将梦的小孩解释为梦者的内心儿童，或内在小孩，即每个人心中所隐藏的因受创伤而未成长起来的被忽略的自己。最后，强调一下，第二种分析和第三种分析只是角度不同，但所说的意思却有很多相同之处。

后记：给梦一个解释

如果你仔细地阅读完本书，并且准备开始阅读这篇后记，那么，首先请接受我的祝贺，祝贺你已经从理论上走完了释梦技术学习的全过程。此时的你，可能会对释梦信心满满，并且跃跃欲试了。别急，接下来，我得再强调几个问题，这几个问题非常重要，是我和许多长期释梦的释梦师都曾经碰到过的问题。恰当地处理这几种关系，可以帮助你树立正确的释梦理念，避免走弯路，早日享受分析梦境的快乐与愉悦。

首先，正确处理记住与忘记的关系。

我不得不承认，在释梦的过程中，典型象征的运用有时可以使释梦事半功倍，但是，仅仅依靠象征来分析梦境是靠不住的，容易将梦者引入歧途。尽管梦的分析过程比较浪费时间和精力，但那是探索梦中事物象征意义的必由之路，如果没有分析探讨，直接运用象征意义来分析所有的梦，不仅会在梦的分析中有失偏颇，而且还可能对梦者造成新的困惑或心理伤害。

在释梦之前，我们是要尽可能地记住所有事物的象征意义，以备释梦之用。但是，在真正梦境的分析中，先要将所有象征意义忘记，用心去感受，用心去倾听，以梦者为本，以倾听为主，大胆猜测，小心求证，不可野蛮分析，妄做解释。

记住与忘记，说起来只是一个简单的要求，但要做到并非易事。记住是一种责任，而忘记则是一种境界。虽然并非人人都能做到，但是，我们仍然应该朝着这个境界不断迈进，唯独如此，才能在梦的分析过程中对梦者有所启发，让梦者有真正的领悟。

其次，正确处理技术与艺术的关系。

在许多人看来，释梦是一门高超而又神奇的技术，我却不这样认为。我一直觉得，释梦是一门技术，但更是一门艺术。技术通常都具备可复制可操作的特点，本书所讲到的释梦技术完全具备这些特点，只要具备一定的文化基础，并且对释梦感兴趣，再加上认真学习并且勤于实践，你就一定能掌握释梦技术。而艺术却对一个人的文化修养、理论素养、人格魅力、思维方式等各个方面都有严格的要求。只精于技术的人，往往不一定能将技术发挥到极致，而如果将其视为艺术，则将会到达另一个更高的境界，艺术的视角将帮助你将技术发挥得淋漓尽致。释梦就是这种艺术中的典型代表。

最后，正确处理分析与治疗的关系。

古诗云："横看成岭侧成峰，远近高低各不同。"看待梦的视角不一样，我们所看到的内容也各不相同。如果你将梦看作是一种心灵上的困惑，那么，找到一个合理的解释，消除这种困惑便是我们的终极追求；如果我们将梦看作是梦者的心理症状，那么，我们会从一些梦中看到心理治疗的机会。

在这里，我想说的是，如果你只是一般的释梦爱好者，应该立足于解释和分析梦境，为梦者消除心理上的困惑，促进其内在的领悟与整合；如果你是一名心理咨询师，在必要的时候，可以把梦作为心理治疗的突破口。但用于心理治疗是有条件的：一是你个人心理咨询的经验应该比较丰富，二是你的释梦技术要比较精湛。从来没有涉及过梦境治疗的人，不要随意修改梦境、进行治疗，那样做是危险的，不负责任的。切不可鲁莽行事，害人误己。

如果你觉得我说的有道理，是不妨耐下性子，静下心来，重新再将本书读一遍，一定会茅塞顿开，豁然开朗！

王　邈

2016年8月8日于咸阳

参考文献

［1］叶奕乾，何存道，梁宁建. 普通心理学［M］. 上海：华东师范大学出版社，1997.

［2］弗洛伊德：梦的解释［M］. 北京:九州出版社，2004.

［3］卡尔·古斯塔夫·荣格. 荣格自传：梦、记忆和思考［M］. 南昌：江西人民出版社，2014.

［4］罗杰·霍克. 改变心理学的40项研究［M］. 北京:人民邮电出版社，2010.

［5］佚名. 梦发出的健康警报. 新华每日电讯，2012-07-13(12).

［6］席永君. 梦诊［M］. 重庆:重庆出版社，2007.

［7］徐光兴. 解梦九讲——心理咨询与治疗的艺术［M］. 上海:华东师范大学出版社，2007.

［8］刘锡诚，王文宝. 中国象征辞典［M］. 天津：天津教育出版社，1991.